El espectador es el protagonista

DANIEL TUBAU

El espectador es el protagonista

Manual y antimanual de guión

ALBA

ALBA FUERA DE CAMPO

Baixada de Sant Miquel, 1 08002 Barcelona
www. albaeditorial.es

DISEÑO: Pepe Moll de Alba

PRIMERA EDICIÓN: septiembre de 2015

ISBN: 978-84-9065-131-5
DEPÓSITO LEGAL: B-20.156-15

IMPRESIÓN: Liberdúplex, s.l.u.
Ctra. BV 2241, Km 7,4 Polígono Torrentfondo 08791 Sant Llorenç d'Hortons (Barcelona)

IMPRESO EN ESPAÑA

Sumario

Primera parte

La teoría contra los guionistas

Existen centenares de libros dedicados a la escritura de guión y cada año se publican algunos más; diversos expertos se van sucediendo con la propuesta de nuevos métodos, que en muchas ocasiones son lo mismo de siempre pero con otro nombre. Sin embargo, muchos de los manuales de guión más populares ofrecen una visión del arte narrativo que se mueve entre el simplismo y la repetición de fórmulas mágicas, por lo que a veces nos parece estar leyendo un libro de autoayuda o un manual para construir estanterías en vez de un análisis de las inmensas, complejas y casi inabarcables posibilidades del arte narrativo.

Lo cierto es que en las últimas décadas la teoría del guión se ha convertido en una isla narrativa con sus propias reglas, en un cuarto cerrado, en el que, como decía Ortega refiriéndose al amor pasional, se respira un aire enfermizo de habitación mal ventilada. Los gurús del guión decidieron en algún momento que ya no era necesario decir a sus lectores y alumnos que tenían que leer libros que no solo trataran sobre el cine o el guión; que no había por qué acumular experiencias de vida o ser un buen observador y que ni siquiera era importante conocer la historia del cine o de la televisión, pues bastaba con recordar unos cuantos éxitos recientes de Hollywood o acudir a la cita diaria o semanal con las series convencionales y las comedias de situación de éxito para triunfar como guionista.

Y la verdad es que tenían razón. Las diversas fórmulas del éxito han funcionado muy bien al menos durante dos décadas y todavía dan buenos resultados, al menos en lo que se refiere a la recaudación. En la actualidad, aunque el paradigma de Field ya no es un dogma de fe y la *sitcom* convencional atraviesa una prolongada crisis, que también empieza a afectar a las series de multitrama más convencional, el cine de

Hollywood sigue obsesionado en ajustar sus productos a una estructura modelo, aplicando mecánicamente las etapas del viaje del héroe o, más recientemente, el esquema de pasos de Blake Snyder.

Por fortuna, las cosas empezaron a cambiar a comienzos del siglo XXI, cuando los espectadores pudieron acceder a otro tipo de relatos audiovisuales en canales de televisión de pago, como HBO o AMC. Series como *Los Soprano,* de David Chase; *The Wire, Treme, Generation X* o *The Corner,* de David Simon, *Deadwood,* de David Milch, *Breaking Bad,* de Vince Gilligan, *Mad Men,* de Matthew Weiner y muchas otras, en una verdadera explosión de calidad que parece no tener fin. El cambio se produjo en gran parte gracias al poder absoluto que obtuvieron los nuevos *showrunners.* La palabra, que parece el nombre de una moto acuática, como dice el propio Chase, sirve para referirse, de manera más precisa que como «productor ejecutivo», al creador y supervisor de una serie, por quien pasan todas las decisiones narrativas, no solo las que tienen que ver con la construcción de las tramas y la escritura del guión, sino también aquellas que se relacionan con la realización, la puesta en escena y la edición. Los nuevos *showrunners,* guionistas investidos de un poder superior incluso al de un director de cine, empezaron a contar las cosas de otra manera. Algunos de ellos rechazaron las estructuras férreas del cine o la televisión, y volvieron a conectar de manera decidida la narrativa audiovisual con las grandes corrientes del arte narrativo, abriendo las ventanas de ese cuarto mal ventilado.

El guionista como crítico

Desde hace bastante tiempo muchos teóricos y profesores de guión, más que enseñar a sus lectores o a sus alumnos los métodos y técnicas que les permitirán construir un relato a partir de una historia real o imaginaria, lo que hacen es convertirlos en analistas y críticos, psicólogos de ocasión, destripadores de significados o ingenieros en busca de estructuras que reconstruir y deconstruir. Algunos de esos enrevesados y a veces ingeniosos análisis son muy interesantes y no seré yo quien diga que no vale la pena pasar las horas investigando acerca de los componentes de cualquier cosa. Sin embargo, para el trabajo práctico del guionista muchos de esos esfuerzos no solo son inútiles, sino también contraproducentes. Quien quiere aprender a escribir un guión no necesita saber analizar una estructura desde el punto de vista de un crítico cinematográfico o un analista académico, porque lo que quiere no es aprender a interpretar la estructura, sino a construirla. Aunque parezca paradójico a primera vista, se puede construir un guión excelente y no ser capaz de descifrar hasta el último detalle su estructura.

Aunque más adelante habrá ocasión para señalar algunos equívocos relacionados con la estructura, ahora quiero revelar al lector el que, en mi opinión, ha sido el mayor error de casi todas las teorías estructuralistas y que todavía se repite en manuales, libros y cursos de guión, impidiendo que los guionistas apliquen durante su trabajo los verdaderos recursos del arte narrativo.

El verdadero protagonista

Personajes contra espectadores

Los teóricos proponen diversas estructuras para el guión, con más o menos actos, secciones, partes o segmentos. En mis clases suelo decir a los alumnos que si tienen una historia que no encaja en los tres actos de Field, McKee, Seger y compañía, o en los cuatro de Thompson, no tienen por qué preocuparse: existe una teoría para cualquier número imaginable de actos. Del mismo modo que Aristóteles dijo que no había teoría, por extraña que fuera, que no hubiera sido pensada por algún filósofo, tampoco existe ningún tipo de estructura o número de actos que no haya sido propuesto por algún gurú del guión.

Ahora bien, tengan los actos que tengan, todas esas estructuras justifican sus diferentes partes y accidentes, puntos de giro, incidentes incitadores, clímax, crisis o desenlaces en función de lo que le sucede al protagonista. En *esta* escena el protagonista es tentado por la aventura, en *esta otra* entra en el mundo extraordinario, *aquí* hay un punto de giro porque descubre que le están traicionando, *aquí* se encuentra en una crisis al perder la confianza de sus amigos, *allá* se produce el clímax cuando debe enfrentar sus mayores miedos, *aquí* debe resolver su problema interno para después solucionar el externo.

¿Cuál es el error de todo esto? El error es que toda la estructura se explica y analiza en función de lo que le sucede al protagonista, que todo se construye a partir del examen de dónde está ahora y dónde está después, de qué desea y de qué consigue, de qué obstáculos encuentra y de qué planes elabora. El error consiste en que, al examinar la estructura, nos preocupemos de manera exclusiva por saber dónde está el protagonista, porque lo que verdaderamente le tiene que preocupar a un narrador es dónde está el espectador.

Este error afecta de forma directa al trabajo del guionista porque implica una pobre comprensión del arte narrativo. Por decirlo de otra manera: el lector de este libro probablemente conoce ese artificio narrativo llamado *macguffin*[*], que sirve para tener ocupados y preocupados a los personajes: los planos de la fortaleza, las bombas atómicas a punto de caer, todos esos terribles problemas que no deben preocupar realmente al guionista pero que sí obsesionan a los personajes, que corren de un lado a otro intentando desactivar bombas atómicas o buscando planos. Pues bien, todo en una película, los personajes, las tramas, *todo,* es solo un gigantesco *macguffin*, cuyo único fin es que el espectador se mueva de un lado a otro.

Antes de intentar demostrar que es un error edificar la estructura alrededor de los personajes, responderé a una pregunta que quizá se estén haciendo muchos lectores.

Todos nos equivocamos alguna vez (algunos siempre)

Supongamos que tengo razón. Si así fuera, ¿cómo es posible que ninguno de los teóricos, expertos y gurús del guión se haya dado cuenta de una cosa tan obvia?

La respuesta es sencilla: sí se han dado cuenta. Se han dado cuenta, pero solo en cierto modo. Cualquier persona que sepa algo de guión es consciente de que hay que despertar, mantener y estimular la atención del espectador; también sabe que existen diversos medios, herramientas y recursos para lograrlo. Todos saben que se debe usar el suspense, la sorpresa, la elipsis narrativa, la tensión sexual no resuelta y otros mecanismos o trucos que hacen que el espectador se mantenga interesado en lo que le estamos contando.

Por otra parte, la mayoría de los expertos propone una estructura para el guión, casi siempre compuesta por tres actos, con diversos puntos de giro y momentos clave.

---

[*] En *Las paradojas del guionista. Reglas y excepciones en la práctica del guión* (Alba, 2007) hablé del *macguffin* y su origen, pero también en este mismo libro se puede encontrar su descripción y nuevos ejemplos (en la segunda parte: TÉCNICAS NARRATIVAS). *[Esta nota, como las siguientes, es del autor.]*

El problema es que muchos expertos mantienen en compartimentos separados el análisis de los recursos que se pueden emplear para despertar y mantener el interés del espectador y, por otro lado, el examen de la estructura. Dedican trescientas páginas a explicar los mecanismos narrativos y otras cincuenta o cien a desentrañar los secretos de la estructura. En una parte hablan de lo que puede hacerse al espectador, pero en la otra se limitan a referirse a lo que debe hacerse a los personajes. Para ellos, todo lo que se relaciona con la estructura sucede a los personajes. Esos teóricos hablan del *macguffin* como herramienta para mantener ocupados a los personajes, pero no advierten que los propios personajes son parte de ese otro gigantesco *macguffin* que mantiene ocupados a los espectadores, inmóviles en la butaca del cine pero moviéndose sin cesar de una emoción a otra dentro de sus cabezas, de una hipótesis a otra. Ese otro *macguffin*, como ya he dicho, es el guión o, si se prefiere, la sucesión y el orden de los acontecimientos o secuencias narrativas.

¿Por qué el espectador es el protagonista?

Pensemos en una película como *El show de Truman*, de Peter Weir. Lo primero que ve el espectador es un monólogo del actor Ed Harris, quien, con una boina estilo artista francés, nos dice que la gente ya está cansada de esos actores tan falsos que repiten sin más sus líneas de diálogo: «Ahora los espectadores buscan algo más real». Comienzan entonces a aparecer los créditos de la película, pero enseguida descubrimos que no son los de *El show de Truman* que estamos viendo, sino que pertenecen a «El show de Truman», una serie o *reality* que los espectadores (los del mundo de la ficción) ven en sus hogares cada noche. En vez de aparecer en los créditos el director que esperábamos («Peter Weir»), leemos: «Creado por Christof». Enseguida deducimos que Christof es el tipo de la boina que nos estaba hablando, lo que nos confirma su inmediata reaparición en pantalla. A continuación, empezamos a ver a varios actores que explican a cámara lo que significa trabajar para «El show de Truman».

«Bien –pensamos– la historia trata de una especie de *reality* televisivo, en el que los actores interpretan a diversos personajes.» Todos parecen un poco cursis, como si pertenecieran a ese mundo ideal e idealizado del Estados Unidos de los años cincuenta. Después nos insisten en que Truman no finge y dejan bien claro que es el único de los que participa en «El show de Truman» que no es un actor. En esas primeras imágenes también vemos al propio Truman (Jim Carrey) mirándose al espejo. Parece un hombre inocente, ingenuo, alegre, despreocupado. Deducimos que es la víctima de una especie de broma o confabulación. Así que no se trata exactamente de un *reality* o de un *reality* guionizado (*scripted reality*), sino que se parece más a una cámara oculta*. Sí, pero ¿qué tipo de cámara oculta?

Cuando Truman sale del baño, saluda a su esposa y se despide, descubrimos que no se trata de un engaño sencillo: el protagonista sale de una casa de verdad, vemos otras casas, coches, vecinos, deducimos que todo está siendo grabado por cámaras ocultas y que esas cámaras deben de estar escondidas por todas partes, porque nos ofrecen una gran variedad de planos, captando cualquier cosa que haga Truman. ¿Hasta dónde llega este mundo vigilado? ¿Varias casas, quizá? De pronto se escucha un zumbido prolongado y algo cae desde el cielo cerca del coche de Truman. Truman se acerca y lo toca. Está caliente. Nosotros sabemos que es un foco. En el foco pone «Sirius». Truman mira al cielo completamente azul y se pregunta de dónde puede haber caído eso. Nosotros, al menos algunos de nosotros, hemos deducido que es el foco que por la noche marca la estrella Sirius, así que empezamos a hacernos una idea de la inmensidad de ese mundo de fantasía, ya que hasta el cielo nocturno es ficticio. Pero Truman no parece sospechar nada. Ya en su coche, la radio anuncia que un avión acaba de perder una de sus piezas; Truman asiente, como si pensara: «Si lo sabré yo, que me la acabo de encontrar», pero continúa feliz camino de su trabajo.

---

* Es importante tener en cuenta que *El show de Truman* (1998) es anterior a los *reality* de realidad vigilada, tipo *Gran hermano* (1999) o *Supervivientes* (2000), aunque posterior a la primera versión sueca de *Supervivientes*, llamada *Expedición Robinson* (1997).

Pues bien, examinemos todo lo que hemos visto hasta ahora. ¿A quién le ha sucedido? ¿A Truman o al espectador?

En primer lugar, es obvio que Truman no ha visto a Christof diciéndonos todo aquello de que los espectadores buscan nuevas emociones. Tampoco ha visto a su propia esposa declarando lo contenta que se siente interpretando su papel, ni a su mejor amigo diciendo algo parecido. No ha visto tampoco el rótulo «LIVE» («EN DIRECTO») que aparece sobreimpreso en la imagen cuando él se mira en el espejo. Nada de todo eso le sucede a Truman.

A Truman le sucede que se mira en el espejo, que da un beso a su esposa, que es acosado por el perro de los vecinos y que encuentra un extraño objeto. No son grandes cosas, la verdad. Lo más importante, el extraño objeto caído del cielo, podría ser muy significativo, pero Truman no le da importancia y sigue su vida normal. Ahora bien, para nosotros, para los espectadores, sí que es importante, porque, gracias a ese accidente, descubrimos dos cosas: las increíbles dimensiones de ese mundo de fantasía y que Truman no tiene ni idea de la gigantesca estafa en la que está implicado. Se trata de información vital para nosotros, pero no para Truman.

En consecuencia, Truman no ve todo lo que nosotros vemos pero nosotros sí vemos todo lo que ve Truman, incluida su cara en el espejo. Es a nosotros a quienes nos sucede *todo* esto. Si construimos una estructura anotando en una columna lo que le sucede a Truman y en otra columna lo que nos sucede a nosotros, obtenemos lo siguiente:

PROTAGONISTA	ESPECTADOR
	Un hombre con boina francesa (Ed Harris) habla «a cámara»: «Han llegado a cansarnos los actores falsos». Menciona a Truman.
Truman habla al espejo del baño y dice algunas tonterías.	Un hombre joven habla al espejo del baño como si fuera a cámara + «LIVE».
	CRÉDITOS: «Protagonizado por Truman Burbank como él mismo».
Truman sigue hablando. A veces no está claro si se dirige a alguien o si solo habla consigo mismo.	El hombre joven habla al espejo del baño como si fuera a cámara + «LIVE».
	CRÉDITOS: «Creado por Christof».
	El hombre de la boina habla a cámara: «Mucha gente tiene conectado el programa toda la noche».
Truman al espejo: «Estás chiflado, ¿no lo sabías?».	Truman al espejo: «Estás chiflado, ¿no lo sabías» + «LIVE».
	CRÉDITOS: «Hannah Gill como Meryll».
	Meryll a cámara: «No existe diferencia entre el *show* y la vida. Es mi vida».

Truman: «Cuéntame algo que yo no sepa».	Truman: «Cuéntame algo que yo no sepa» + «LIVE».
	CRÉDITOS: «Louis Coltrane como Marlon».
	Marlon: «Nada es falso, solo está controlado».
	CRÉDITOS: «The Truman Show».
Truman: «Comedme maldita sea...».	Truman: «Comedme maldita sea...».
OFF MUJER: «Truman vas a llegar tarde». Truman se dirige a la puerta del baño y la abre para salir.	OFF MUJER: «Truman vas a llegar tarde». Truman se dirige a la puerta del baño y la abre para salir.
	CRÉDITOS. «Día 10.909».
Truman sale de la casa.	Truman sale de la casa + bordes difusos que indican marcho de cámara grabando.

Como se puede observar, hay ciertas cosas que le suceden a Truman y ciertas cosas que nos suceden a nosotros. De vez en cuando, algo sucede tanto para Truman como para nosotros. Los espectadores, en cualquier caso, sabemos todo lo que sabe Truman y, además, alguna cosa que él no sabe, lo que crea una interesante expectativa, que hace preguntarnos: ¿Llegará Truman a descubrir que le están engañando? A medida que avance la película iremos descubriendo las respuestas y también sabremos que el engaño no ha sido perfecto, porque Truman sospecha desde hace años que en su vida sucede algo raro.

En ocasiones, el personaje de una película o una serie sabe algo que ignora el espectador, como el propio Truman, que esconde un secreto que los espectadores tardarán en descubrir. Eso podría hacernos pensar que la estructura debe construirse en función del personaje, pero ésa sería una conclusión muy apresurada: incluso cuando el personaje sabe más, el espectador obtiene, gracias a su ignorancia, todo tipo de emociones. El manejo de la información, su distribución o reparto entre los diversos personajes, y entre los personajes y el espectador, es una de las herramientas más provechosas en manos de un buen guionista y puede dar lugar a suspense, a sorpresa, misterio y muchas otras emociones, como tendremos ocasión de comprobar a lo largo de este libro. En definitiva, incluso cuando los personajes saben más cosas que el espectador, eso se traducirá, tarde o temprano, en algo que también le sucederá al espectador; el personaje puede jugar con ventaja durante mucho tiempo, pero lo importante, desde el punto de vista narrativo, será la ignorancia del espectador y el momento en el que esa ignorancia desaparecerá. En *El show de Truman*, cuando ya estamos convencidos de que Truman vive completamente engañado, descubrimos que tiene desde hace tiempo alguna sospecha: ese descubrimiento de lo que sabe Truman será un punto de giro en las expectativas del espectador, que tendrá que enfrentarse a esa nueva información y reconsiderar algunas de sus ideas previas.

Tras la máscara narrativa

Imaginemos una película protagonizada por un personaje que oculta su rostro tras una máscara, como *El Fantasma de la Ópera*, *El Zorro*, *El Tulipán negro*, y tantas otras*. Ese personaje misterioso sabe en todo momento quién se esconde tras su máscara o antifaz, lo sabe desde el principio de la película e incluso desde antes, en esa vida imaginaria suya fuera de la pantalla. Por el contrario, los espectadores no lo descubrimos hasta que vemos una escena en la que se quita la máscara. Imaginemos que ese momento tiene lugar una noche en la que el personaje se quita la máscara ante un espejo: llega cansado de su faena diaria como héroe, superhéroe o supervillano y se quita la máscara antes de irse a dormir. ¿Cómo podríamos situar esa escena si solo examináramos la línea de tiempo de la estructura del personaje? ¿Qué transformación ha tenido lugar para él? ¿Qué cambio en su actitud, qué crisis, *plot point* o punto de giro? Ninguno. Simplemente se ha quitado la máscara delante del espejo. Es algo que hace todas las noches, tras sus aventuras como justiciero enmascarado: llega a su casa y se quita la máscara. Nadie lo ha visto, ni sus enemigos ni sus amigos. ¿Nadie? Nosotros, los espectadores, sí que lo hemos visto. ¿Se ha quitado la máscara para nosotros? Desde el punto de vista del personaje, desde luego que no, pues se la quita todas las noches y en ningún momento parece consciente de que en esta ocasión le estemos mirando. Ahora bien, desde el punto de vista del guionista, de ese titiritero que mueve los hilos de sus personajes, sí que se ha quitado la máscara para los espectadores. Somos nosotros quienes tenemos que estar mirando en ese momento clave de la estructura, es a nosotros a quienes nos afecta lo que sucede. Hasta ese momento nos preguntábamos quién era ese misterioso enmascarado. Ahora lo sabemos.

* Se han hecho decenas de películas protagonizadas por el Zorro, desde *La marca del Zorro* (1920), con Douglas Fairbanks a *La leyenda del Zorro* (2005), con Antonio Banderas. Las adaptaciones de la novela *El fantasma de la Ópera*, de Gaston Leroux, van desde la película del mismo título estrenada en 1916 hasta la versión dirigida por Joel Schumacher en 2004, sin olvidar la excelente versión rock de Brian de Palma *El fantasma del paraíso* (1974). *El Tulipán negro*, con Alain Delon en el papel protagonista, se estrenó en 1964.

Ha habido un cambio, pero no ha sido un cambio para el personaje, sino para nosotros, para los espectadores. Durante minutos y minutos de película al personaje no le sucede absolutamente nada en lo que se refiere a su identidad secreta. El momento de acción, el pulso, el instante clave, la revelación, *anagnórisis** o como queramos llamarlo, solo ha tenido lugar cuando nosotros hemos visto cómo se quitaba la máscara.

Si analizamos la estructura en función del personaje y decidimos eliminar la escena en la que el héroe se quita la máscara ante el espejo, ése será un cambio intrascendente, que no le afectará en absoluto, ni a él ni a su conflicto. Sin embargo, si analizamos la estructura en función del espectador y eliminamos la escena, entonces sí se producirá un cambio de sentido importante, puesto que el espectador seguirá sin saber quién es el enmascarado, no habrá experimentado una sorpresa al descubrirlo y el suspense continuará, al menos durante un tiempo. Si se trata de un justiciero como el Zorro, Scaramouche o el Tulipán Negro, cuando en la escena siguiente el espectador vea al hombre que se oculta tras la máscara representando su otro papel en una fiesta mundana, no pensará en el peligro al que se expone, porque seguirá sin saber que ese personaje es el mismo que el enmascarado. Pero si hemos decidido conservar la escena en la que se quitaba la máscara, las emociones serán muy diferentes.

* En la segunda parte de este libro (TÉCNICAS NARRATIVAS) ofrezco una descripción de estas y otras herramientas, trucos y recursos narrativos, con ejemplos de cada uno de ellos.

DISTINTAS EMOCIONES SEGÚN LO QUE EL ESPECTADOR VEA EN ESCENA/19

Un misterioso enmascarado salva a la chica.	Esc. 12	Un misterioso enmascarado salva a la chica.
El enmascarado NO se quita la máscara: ¡seguimos sin saber quién es!	Esc. 19	El enmascarado SÍ se quita la máscara: «¡Es César de Echagüe!».
Fiesta en la embajada: «¡Qué tonto y pedante es César de Echagüe!».	Esc. 20	Fiesta en la embajada: «¡Qué listo y astuto es César de Echagüe!».
No sabemos que la chica está a punto de descubrir la máscara en el cajón de César de Echagüe: ¿Qué está buscando? Intriga y curiosidad.	Esc. 32	Sabemos que la chica está a punto de descubrir la máscara en el cajón de César de Echagüe: tensión, suspense.
La chica descubre que César es el Coyote: ¡Sorpresa para ella y para nosotros!	Esc. 43	La chica descubre que César es el Coyote: nos gusta ver cómo lo descubre. Nos inquieta lo que hará.

Como se ve, una escena que no afecta absolutamente en nada a la trama del personaje, ni siquiera a la trama como tal, sí afecta al espectador y modifica todas las escenas posteriores, sin necesidad de cambiar absolutamente nada en ellas. Un pequeño cambio y tenemos una nueva película, o al menos una nueva manera de ver las mismas cosas.

La obsesión por los personajes

Ahora que he explicado, de manera apresurada y provisional, por qué creo que debe orientarse y corregirse la estructura en función del espectador, intentaré explicar por qué quienes examinan la estructura se centran casi sin excepción en las desventuras del personaje.

Una razón es que a menudo al personaje y al espectador les pasan las mismas cosas, o al menos comparten la misma información o falta de información. Durante los primeros veinte o treinta minutos de *Matrix* o de *Con la muerte en los talones*, el espectador y el protagonista ignoran qué está sucediendo, pero en la parte media de ambas películas, los espectadores y el protagonista saben lo mismo. En *Psicosis*, durante mucho tiempo ni el espectador ni el protagonista saben qué está sucediendo en el motel de Bates, una ignorancia que tiene consecuencias mortales para la protagonista, pero no tan graves para el espectador, que ve cómo ella muere y se queda solo en su desconcierto durante un buen rato, hasta que llega el momento de la revelación.

En definitiva, muchas de las cosas importantes que le pasan al espectador también le pasan al personaje, lo que puede explicar la tendencia a pensar que todo lo que sucede en la estructura le pasa al personaje. Pero si examinamos atentamente cualquier película, descubriremos que al personaje le pasan muchas cosas, pero que al espectador le suceden todas. Narrativamente hablando, claro.

Cuando se empieza a pensar en la estructura teniendo en cuenta lo que le sucede al espectador, dónde está y hacia dónde lo estamos llevando, se aclaran muchos equívocos y discusiones acerca de los diferentes momentos clave de una estructura. Enseguida profundizaremos en este asunto, pero antes me siento obligado a mostrar al lector que no he simplificado las teorías de los expertos de guión, que no he creado lo que se llama un espantapájaros o un monstruo teórico al que golpear fácilmente, que no he manipulado las opiniones de los expertos.

La estructura en función de los personajes

Antes de examinar las estructuras construidas y revisadas en función del personaje, quiero aclarar que con ellas me refiero no solo a las que se construyen y modifican en función de lo que le sucede al protagonista, sino también a aquellas que tienen en cuenta a los otros personajes, como el antagonista o los amigos del héroe. El problema de centrar la estructura en el protagonista no consiste en que nos olvidemos de los otros personajes. En realidad, algunos teóricos sitúan en la estructura momentos clave o puntos de giro que afectan a los otros personajes, o incluso se refieren a acontecimientos de la trama o del argumento, pero eso tampoco soluciona el error, que consiste en que no se acuerdan de examinar la estructura mirando hacia fuera de la pantalla: hacia el espectador. Aquí me limitaré a examinar lo que dicen los dos grandes gurús del guión en los últimos treinta años, Syd Field y Robert McKee, y un experto más reciente, John Truby*. Syd Field en *El libro del guión* y el *El manual del guionista* insiste una y otra vez en la importancia de la estructura, que debe ajustarse a su «paradigma» en tres actos y dos puntos de giro. Ahora bien, esos puntos de giro y otros momentos importantes de la estructura, para él se refieren siempre a la trama o al personaje. A pesar de que, en ciertos momentos, Field habla de la importancia de «enganchar» al espectador, siempre dice que ello se consigue haciendo que le pasen cosas al personaje o a la historia. No parece considerar la posibilidad de que algún acontecimiento narrativo le suceda al espectador (más allá de ese interesarse o engancharse a la película). Lo curioso es que no se refiere a esa posibilidad ni siquiera cuando no habla específicamente de la estructura.

Robert McKee va más allá y conecta la estructura con el personaje de manera indisoluble (las mayúsculas son suyas):

> La función de la ESTRUCTURA consiste en aportar presiones progresivamente crecientes que obligan a los personajes a enfrentarse a dilemas cada vez más difíciles, y a causa de estas presiones tienen que tomar decisiones y llevar a cabo acciones que son cada vez más complicadas, de tal forma que se vaya revelando su verdadera naturaleza, incluso hasta el nivel del yo subconsciente.

---

* Field, Syd, *El libro del guión*. Plot, 2001; y *El manual del guionista*. Plot, 1996; McKee, Robert, *El guión*. Alba, 2009; Truby, John, *Anatomía del guión*. Alba, 2009.

Enseguida añade, de manera tan explícita y rotunda que no queda ninguna duda acerca de si recomienda revisar la estructura en función del protagonista y los personajes o en función del espectador:

> La estructura y los personajes están entrelazados. La estructura de los acontecimientos de una historia se traza con las decisiones tomadas por los personajes en situación de presión y las acciones que deciden llevar a cabo.

La de McKee es una concepción muy ingenua del arte narrativo, que lo hace depender exclusivamente de esa especie de olla a presión que son los personajes. Sin embargo, un buen narrador puede conmover, asombrar, entusiasmar o interesar al lector o al espectador sin que su protagonista tenga que ser sometido necesariamente a ninguna presión, sino tan solo descubriendo aspectos de ese personaje o de su mundo que hasta entonces no se habían mostrado, o estableciendo conexiones entre diversos personajes y situaciones. Cuando Edipo y su madre están a punto de acostarse por primera vez no saben que son hijo y madre y, en consecuencia, no sufren ninguna presión: toda la presión está en el lado del espectador, que sí sabe lo que ellos ignoran. En el *Edipo Rey* de Sófocles, Edipo y Yocasta ya han tenido varios hijos y siguen ignorando que son madre e hijo, pero los espectadores de la obra en la antigua Atenas ya lo sabían antes de entrar al teatro, por lo que Sófocles emplea a menudo la ironía dramática, haciendo que Edipo diga cosas que él mismo no llega a entender, *pero que sí entiende el espectador*, como cuando dicta el terrible castigo contra el asesino de Layo, sin saber que fue él mismo quién lo mató y sin saber que, además, él es hijo de Layo:

> Ahora, cuando yo soy el que me encuentro con el poder que antes tuvo aquél [Layo], en posesión del lecho y de la mujer fecundada, igualmente, por los dos... Por todo esto yo, como si mi padre fuera, lo defenderé y llegaré a todos los medios tratando de capturar al autor del asesinato.

«Como si mi padre fuera», dice el desdichado Edipo, sin saber que Layo era, en efecto, su propio padre y que el asesino al que quiere castigar es él mismo. ¡Qué ironía para los espectadores que el héroe conocido por ser el más sabio, el que descifró los enigmas de la esfinge, lo ignore todo acerca de sí mismo!

Volvamos a la estructura según McKee. En un pasaje de su libro, McKee analiza lo que sucede en la estructura si cambiamos al personaje de sincero a mentiroso. Bien, ése será un cambio interesante en ciertas historias, pero lo será, insisto, no solo porque le pasa al personaje, sino porque eso le sucede también al espectador, un detalle crucial al que McKee tampoco parece prestar atención. Ahora bien, como ya dije al hablar del enmascarado, sin cambiar en nada al personaje, podemos modificar momentos importantes de la estructura narrativa: decidir que el espectador descubra algo acerca del protagonista que no sabía antes, por ejemplo, que es un mentiroso. En nuestra definición inicial del personaje, en nuestro trabajo interno, aquel que nos sirve para construir el relato (pero que el espectador nunca llegará a ver) su característica de mentiroso puede no sufrir modificación alguna, pues nosotros, los guionistas, sabíamos desde el principio que el personaje estaba mintiendo. Lo único que cambia es el momento en que decidimos contárselo al espectador: ¿Es mejor que lo revelemos al principio, un poco más adelante o casi al final?

En definitiva, todo lo que le ocurre al personaje *y se muestra* le ocurre también, evidentemente, al espectador, pero no siempre sucede a la inversa: no todo lo que le ocurre al espectador le ocurre al personaje. Como es obvio, las cosas no suceden de la misma manera para el espectador y para el personaje. Nosotros no recibimos un puñetazo en el estómago, un tiro en la cabeza ni un beso en los labios, pero sí vemos que todo eso le sucede al personaje.

En *Anatomía del guión*, un libro que en algunos momentos se ocupa de aspectos más complejos que los de Field y McKee, John Truby también identifica estructura y personaje, ofreciendo una estructura en siete pasos sencilla y otra, más elaborada, en veintidós pasos. En la de siete pasos todo lo que sucede tiene siempre relación con el personaje:

- Debilidad y necesidad.
- Deseo.
- Adversario.
- Plan.
- Lucha
- Autorrevelación.
- Nuevo equilibrio.

En la estructura de 22 pasos, Truby propone trabajar con cuatro columnas, que no se centran solo en el personaje, sino que se ocupan también de la trama, el mundo narrativo y el argumento moral. Bien, puede ser interesante usar estas columnas, pero ¿dónde está la del espectador? Tan solo aparece de manera explícita en el paso 16, llamado «Revelación del público», un momento, ya muy avanzado el relato, en el que «por primera vez el público se entera de algo *antes* que el protagonista». Está claro que Truby no ha visto o no recuerda el comienzo de *El show de Truman*. En cualquier caso Truby, en lo que se refiere a la definición y análisis de la estructura, también se desentiende del espectador y solo lo menciona en ese paso 16 y, sin darle demasiada importancia, cuando al final de su libro, se ocupa de lo que él llama el «entramado de escenas».

La vida privada de los personajes

Aunque ningún narrador en su sano juicio negará la importancia de inventar personajes interesantes, complejos y con una rica vida interior (sea eso lo que sea para alguien que habita en las apretadas páginas de un libro o en la acumulación de bits de una película digital), en la teoría de guión actual, la figura del protagonista ha adquirido un protagonismo desmesurado. Una cosa es preocuparse por imaginar grandes personajes y otra muy distinta pensar que el arte narrativo consiste solo en crear figuras y moverlas de un lado a otro por su universo de ficción.

Los filósofos, ya desde Demócrito, pero en especial desde Kant, dicen que no vemos la realidad tal cual es, sino algo que es el resultado de la mezcla entre *eso que está ahí fuera* y la manera en la que lo percibimos gracias a nuestros sentidos y nuestra mente. Los filósofos llaman a esa realidad indeterminada que está ahí fuera el *noúmeno* y a aquello que percibimos el *fenómeno.* Las abejas y los búhos viven en el mismo universo que nosotros, pero lo perciben de manera muy diferente porque las abejas ven la luz ultravioleta y los búhos la luz infrarroja, que nosotros no podemos ver, a no ser con dispositivos especiales, que traducen esa luz a frecuencias de onda que sí vemos. Una narración audiovisual también es la suma o relación entre los elementos de la historia (lo que incluye trama y personajes) y la manera en la que el espectador percibe todo eso. Cuando un guionista trabaja en un personaje, puede llenar páginas y páginas, pasar horas, días y semanas entendiéndolo cada vez mejor o sometiéndolo a intensas sesiones de psicoanálisis, pero, por suerte o por desgracia, los espectadores de su relato no verán ese personaje *nouménico*, sino que tan solo percibirán al *fenoménico:* aquel que aparece en la hora y media de la película o en los 65 capítulos de las cinco temporadas de una serie. Nada más. Lo que los autores no hayan incorporado al guión o la película, sus *biblias*, tratamientos, sinopsis, fichas de personajes, borradores, notas o fabulaciones, no podrá ni siquiera ser percibido. Por otra parte, una vez que el relato ya está en circulación, el escritor o el guionista pasa a estar en pie de igualdad con los receptores de ese relato, con los lectores y espectadores. Sus teorías acerca de su personaje y de sus motivos ocultos, su vida interior y su pasado o presente no contados, tendrán el mismo valor que los de cualquier otro. Quizá los lectores y espectadores escuchen con cierto respeto al autor, ya que fue él quien creó al personaje, pero cada relato hecho público, esté en el formato que esté, es ya universal y común, por lo que puede ser interpretado, reinterpretado y malinterpretado por cualquiera. A todos nos gusta escuchar a Mathew Weiner hablar una y otra vez de los motivos de sus personajes en *Mad Men*, pero una vez emitido el capítulo, sus revelaciones, por iluminadoras que sean, son tan solo una posible interpretación entre muchas otras.

En cuanto a la llamada vida interior de los personajes, esa que no se ve pero que se supone que está implícita, el guionista o el escritor ¿tienen siempre la intención de que el personaje posea una rica vida interior? ¿Tienen una rica vida interior el rey Lear, Macbeth o Anna Karénina? Quizá. ¿Tiene Yago motivos para traicionar a Otelo? Tal vez. Sea como sea, lo único que podemos hacer para responder a preguntas de ese tipo consiste en examinar las acciones de los personajes en el relato. La vida interior del personaje que no esté en las páginas del guión o en los fotogramas de la película es solo una hipótesis y cada lector o espectador puede tener la suya, que a menudo no coincidirá con la de los demás, ni con la de los creadores de esa ficción.

Muchos guionistas, al igual que muchos actores, se esfuerzan en construir elaboradas biografías de sus personajes *antes y después de la acción contada en el relato*. Se preguntan cómo eran sus padres, quién fue su primera novia, qué frustraciones ha tenido a lo largo de su vida, qué opina de esto o de aquello, o cómo reaccionaría ante una situación que no se cuenta en el relato. Para ello se sirven de todo tipo de técnicas, muchas tomadas del psicoanálisis y sus variantes, intentando ajustar a sus personajes a algún tipo de esquema, a veces de cierta complejidad, como los arquetipos de Jung, y otras decididamente simplistas, como el eneagrama, que define nueve tipos de personalidad. Como ya he dicho, este trabajo no es una pérdida de tiempo, porque todo lo que sea dar vueltas en torno a nuestros personajes y nuestra trama puede ser útil y un guionista o un escritor se sentirá más seguro con su historia si conoce todos los detalles del mundo y los personajes. A los actores, este tipo de investigación les ayuda a entender, y por tanto a representar, al personaje, porque resulta difícil saber cómo actuar en una escena si no sabes qué es lo que pasa en ese momento por la mente de tu personaje en su mundo de ficción. Mathew Weiner siempre presta mucha atención a los momentos en la vida de los personajes previos a la escena que va a ver el espectador, porque lo que les haya sucedido antes influirá en su comportamiento, y en especial en su mirada. Weiner recuerda una reunión de los personajes de *Mad Men* en el episodio 10 de la cuarta temporada («Manos y rodillas»), en la que el juego de miradas era de una gran complejidad, porque cada uno de los presentes tiene algo de qué preocuparse: Don Draper casi ha sido descubierto por el gobierno, Pete ha tenido que renunciar a la cuenta de North American Aviation y ha mentido para que Don no vaya a la cárcel, y además sabe que Don se acuesta con la doctora Faye; Lane, un hombre hecho y derecho, ha sido golpeado por su padre con una fusta; Roger ha perdido su mayor cuenta y ha dejado que Joan vaya sola a hacerse un aborto; Joan no ha abortado (pero Roger no lo sabe); finalmente, «allí está Cooper, que no sabe nada». En una serie convencional, toda esa información apenas se habría reflejado en las miradas de los actores, que se habrían limitado a hacer lo que se suele hacer en ese tipo de series: dirigir la atención del espectador «mirando a lo que hay que mirar», que es casi siempre la persona que está hablando. Pero Weiner quería que los actores mostraran en su comportamiento y en su mirada lo que pasaba por la cabeza de sus personajes y de dónde venían, en especial desde el punto de vista emocional: «Así que había seis secretos en la habitación y cuando escribí la escena lo más difícil era hacer que los personajes hablaran de cualquier cosa». En esa reunión («otra estúpida reunión») todos los personajes hablan de cosas que no les importan mientras su comportamiento y sus miradas nos revelan lo que sí les importa: notamos que Lane quiere irse cuanto antes, que Roger mira compasivo a Joan, que Joan finge que ha hecho lo que Roger cree que ha hecho, que Don está al mismo tiempo agradecido y preocupado por la actitud de Pete, que Pete está frustrado y que Cooper... no se entera de nada. Pero lo mejor le sucede al espectador, pues como dice Weiner, toda la escena está cargada de ironía dramática: «Los personajes casi no tenían información, pero los espectadores tenían mucha información». En esta escena, cada personaje sabe algo, pero el espectador lo sabe todo.

Una cosa, en cualquier caso, es la utilidad de conocer el mundo de la ficción y de los personajes para escribir un buen guión o para interpretarlo, y otra muy distinta el pretender que la película o el capítulo de la serie contenga todo ese conocimiento. Ya hemos visto que la efectividad de la escena de *Mad Men* de la reunión no consiste en que conozcamos como guionistas lo que les ha pasado a los personajes, sino que lo sepa el espectador: antes de llegar a la reunión, Weiner no contó al espectador toda la vida privada de los personajes sino tan solo aquello que tendría importancia narrativamente hablando. Cuando se convierte en obsesión el deseo de elaborar complejas biografías de los personajes, detalladas de principio a fin, y cuando se construye la estructura exclusivamente en función de los puntos de crisis, cambios o transformaciones de los personajes en su vida privada fuera de la pantalla y no de la percepción que el espectador tiene o no tiene de todo eso, es casi seguro que se está cometiendo un error.

En el diván del guionista

El psicologismo es uno de los aspectos sobredimensionados en el análisis de los guiones: se pide a los guionistas que rastreen no solo los motivos inmediatos o cercanos de las acciones de los personajes en el guión, sino también los motivos lejanos, como los de la infancia (que nunca se mostrará) del protagonista; a menudo también se les anima a elaborar detalladas biografías de sus personajes. Sin embargo, además de que hacer tal cosa puede limitarnos a la hora de escribir, encadenándonos a una idea previa y cerrada acerca de un personaje, provoca otro problema importante: el guionista pierde muchas veces la noción de lo que realmente está contando en su guión, porque sabe tantas cosas acerca del personaje que, de manera intuitiva e inconsciente, da por supuesto que el espectador también sabe todo eso; pero la verdad es que los espectadores solo saben lo que ven en la pantalla o lo que leen en el guión. Tras la proyección de un cortometraje o una película, o en la revisión pública de un guión, la respuesta más habitual de los alumnos (y también de algunos guionistas profesionales) ante las críticas consiste en explicar detalles de la vida o la psicología de los personajes que tienen que ver con eso que se llama *background history* o historia no contada. De pronto nos enteramos de mil y un detalles que explican lo que hemos visto pero que de ninguna manera se podrían deducir a partir de eso que hemos visto. Ese recurso puede ser interesante como sugerencia interpretativa, pero no tiene ninguna validez para justificar los errores o carencias de la obra pública (el guión o la película), que es lo único a lo que todos los demás tenemos acceso. David Borwell sugiere que ese psicoanálisis aplicado a los personajes de manera tan obsesiva tiene su origen en las tendencias de los años setenta en la costa Oeste de Estados Unidos y «la moda de la autorrealización, el yoga y la terapia del grito primal». Quizá tenga razón, porque, aunque hay algunos ejemplos de ese tipo de motivaciones antes de los años setenta, es cierto que el cine presumió durante bastante tiempo de ser más conductista que freudiano, ya que mostraba las acciones de los personajes sin necesidad de explicarlas mediante una zambullida en su pasado, y en especial en su infancia. Sea como sea, en la actualidad los guionistas casi siempre se sienten obligados a justificar el comportamiento de sus personajes rastreando en los traumas y las frustraciones de su pasado y, cuando han elaborado esa justificación, creen que también han logrado hacer verosímil su comportamiento. Pero lo más llamativo del asunto, como he dicho antes, es que en muchos casos toda esa búsqueda en el pasado de los personajes ni siquiera se refleja en el guión y se limita a ser una intensa sesión de terapia que el guionista aplica en privado a sus personajes. En lo que se refiere al exceso de psicologismo, freudiano o de las diversas corrientes analíticas surgidas en el siglo XX, nos encontramos con grandes sorpresas al analizar a los personajes en Shakespeare.

El inventor de lo humano descuida lo humano

Harold Bloom considera que Shakespeare fue el inventor de la psicología humana moderna y que todos nosotros imitamos, sin saberlo, a sus personajes. Las criaturas de Shakespeare han servido de modelo para decenas de caracteres más o menos arquetípicos, que casi todo el mundo conoce aunque no haya leído las obras originales: Hamlet, Macbeth, Otelo, Desdémona, Próspero, Caliban, Falstaff, Enrique IV, Viola, Ricardo II, Romeo, Julieta, Shylock y tantos otros. ¿Cómo es posible entonces que Tolstói dijese que Shakespeare, uno de los creadores de la psicología moderna, descuidaba las motivaciones psicológicas de sus personajes? La respuesta es que Tolstói tenía razón: Shakespeare descuidaba, al menos en parte, la construcción psicológica de sus personajes:

> Lear no tiene necesidad ni motivos para abdicar; es más, después de haber pasado toda su vida viviendo con sus hijas, no tiene motivos para hacer caso de las palabras de las hijas mayores y no de la afirmación sincera de la menor, pero sobre todo esto se construye la tragedia de su situación*.

Por si lo anterior no fuera suficiente, Tolstói añade que, en la misma obra, Gloucester carece de motivos para creer al falso Edmundo y no al sincero Edgar, que tampoco tiene motivos para ocultar su identidad a su padre durante tanto tiempo**. Tampoco Yago en Otelo tiene «motivos suficientes para querer destruir a Desdémona». Estas y otras observaciones acerca de los personajes shakesperianos llevaron a Tolstói a concluir que Shakespeare gozaba de «un prestigio y de unos méritos inexistentes»***. En su opinión, el dramaturgo inglés tomaba sus argumentos de otras obras pero se olvidaba de las motivaciones de los personajes.

Del mismo modo que Tolstói, pero antes que él, Charlotte Lennox examinó los personajes de Shakespeare y llegó a la decepcionante conclusión de que carecían de profundidad psicológica y que sus tramas también carecían de un desarrollo lógico de la acción****. Jonathan Bate añade otros ejemplos que nos hacen pensar que Shakespeare suprimía casi sistemáticamente las motivaciones de los personajes al adaptar obras ajenas: así sucede en *Cuento de invierno* o *Noche de Reyes*. Para Tolstói, Lennox y otros muchos críticos literarios, los fallos en la construcción de los personajes, la debilidad lógica de algunas tramas y las contradicciones internas que se detectan una y otra vez en Shakespeare eran un

---

* Tolstói, «Shakespeare and the drama», citado en Bate, 2000.
** Jonathan Bate, *El genio de Shakespeare*, Espasa Calpe, 2000.
*** Jonathan Bate, óp. cit.
**** Jonathan Bate, óp. cit.

crimen imperdonable, pero, al parecer, a Shakespeare esos defectos le dejaban indiferente. Al fin y al cabo, ya se había saltado muchas otras normas que, se suponía, debía seguir una obra dramática, como la regla de las tres unidades (supuestamente) aristotélica*.

¿Por qué Shakespeare desprecia tan a menudo la lógica de la estructura narrativa y la coherencia y justificación psicológica de las acciones de los personajes? Una respuesta plausible es que lo hizo porque no solo era autor, sino también actor y productor. Necesitaba obtener beneficios con sus obras y con las ajenas. Había tenido ocasión de observar las reacciones del público, delante, detrás y sobre las tablas del teatro. Es para ese público para quien Shakespeare traza sus tramas y define a sus personajes. Por eso, cuando está convencido de que la acción que cuenta es interesante, considera un problema menor su justificación motivacional y la coherencia de la historia oculta. No es que se olvide por completo de ello, ya que todos o casi todos los personajes de Shakespeare actúan llevados por una personalidad y un carácter definidos, y de contorno mucho más preciso e identificable que en otros dramaturgos. De hecho, sus personajes no reaccionan ante las diversas situaciones como se esperaba que reaccionase un rey, un usurpador, un bufón, una dama o la reina de las hadas, sino que lo hacen como Lear o como Macbeth, como Falstaff o como Viola, como Titania o como Shylock. Ya dije en *Las paradojas del guionista* que los personajes shakespearianos reaccionan como personas que tienen una identidad casi única, y negué así la afirmación de Robert McKee de que los personajes nunca son personas. En el caso de Shakespeare, los personajes no son, como en el teatro clásico francés y en gran parte del español, arquetipos del «celoso», «el rey», «el plebeyo», «el militar» o «el cura». No son estereotipos y ni siquiera son arquetipos, a pesar de que la admiración hacia Shakespeare los haya convertido en tales, sino que son antes que nada *tipos*, tipos muy interesantes.

La indefinición de motivos en la que Shakespeare deja a sus persona-

* De la atribución errónea de la regla de las tres unidades a Aristóteles hablo en *Las paradojas del guionista*.

jes, y que tanto molestaba a Lennox y a Tolstói, ha dado origen a muchas de las más interesantes interpretaciones y ha hecho que los estudiosos se esforzaran en entender y explicar a esos personajes, sin lograrlo nunca plenamente. En realidad, eso es lo que nos sucede a cualquiera de nosotros si queremos comprender a un amigo, a un familiar, a un desconocido, e incluso si intentamos entendernos a nosotros mismos. Podemos proponernos resumir una personalidad en los rasgos apresurados de un número del eneagrama, pero si somos un poco más exigentes con nuestra capacidad de análisis, debemos confesar que al hacerlo estamos cayendo en una simplificación y que muchas de las motivaciones y rasgos de una personalidad se nos escapan, a veces porque son demasiado complejos o permanecen ocultos, otras porque no existen las razones que buscamos, como en el caso, quizá, del Yago shakespeariano.

Tolstói se irritaba porque Shakespeare no diera a Yago una clara motivación para su venganza contra Otelo y Desdémona y habría preferido que hubiera dejado claro que lo que le mueve en su venganza son los celos, como sucedía en el relato original, en el que la causa de la actitud de Yago es que ama a Desdémona y no puede soportar que le haya dejado por «un moro». Sin embargo, a algunos nos parece mucho más interesante esa confusa, compleja e inaprensible red de motivos que mueve al Yago shakespeariano: envidia, desprecio racista, atracción erótica hacia la maldad por sí misma y, ¿por qué no?, también celos, unos celos que Shakespeare insinúa, pero que Tolstói no pareció percibir, porque no tienen relación con Desdémona, sino con su propia esposa:

> Odio al moro, y se dice por ahí que ha hecho mi oficio entre mis sábanas. No sé si es cierto; pero yo, por una simple sospecha de esa especie, obraré como si fuera segura.

En esta breve sentencia, Shakespeare se deshace en un instante de cualquier explicación ulterior acerca de los motivos que mueven a Yago: simplemente odia a Otelo. La sospecha acerca de si Otelo ha seducido a su esposa no parece preocuparle demasiado, aunque sí parece inquietarle eso que tanto preocupaba a los celosos españoles, la honra, es decir, el qué dirán. El espectador debe conformarse con esa explicación por parte de Yago. Si hay subtexto o no en sus palabras no podemos saberlo con seguridad, a pesar de que en los magníficos monólogos shakespearianos, los personajes nos revelan casi todo lo que piensan, en ocasiones de manera absolutamente explícita, y nos anticipan casi todo lo que se proponen y lo que harán. El espectador, gracias a esa información, puede disfrutar mucho más al ver si las expectativas de unos y otros personajes se cumplen o entran en conflicto. En Shakespeare, en efecto, aunque existe también subtexto de muy diversos tipos y dobles o múltiples lecturas, el interés casi siempre reside en observar lo que los personajes piensan, dicen y hacen, la correspondencia o no correspondencia entre esas tres cosas y el choque de voluntades y temperamentos. Por eso, cuando hoy queremos desarrollar personajes con la complejidad psicológica de los de Shakespeare, nos encontramos con un verdadero obstáculo: en la narrativa audiovisual actual no se acepta que los personajes lancen largos monólogos explicando por qué van a hacer esto o lo otro. Pero es precisamente en esos monólogos donde Shakespeare nos ofrece la atormentada psique de sus personajes e informa al espectador de lo que está en juego. Lo que dicen puede ser o no cierto, pero lo dicen. Hablan mucho de sí mismos y de lo que les sucede, de lo que planean y de lo que anhelan. Como nuestros personajes no pueden lanzar esos monólogos sin que sintamos que nos estamos expresando de manera arcaica, nos vemos obligados a hacer que les cuenten sus preocupaciones más íntimas a sus amigos o familiares. Pero, claro, no es lo mismo desnudar la mente ante otra persona que hacerlo ante uno mismo, porque siempre nos asaltará la sospecha de si en vez de un desahogo se trata de un engaño o de una estrategia del personaje. Es cierto que también podemos hacer que el personaje le cuente esas inquietudes a un diario, a un blog, o en forma de voz en off que desnuda lo que piensa el personaje, pero ése es un recurso que en el cine actual se admite todavía con prudencia, en especial desde que McKee lo anatemizara.

Uno de los pocos guionistas que ha logrado reproducir el estilo shakespeariano, haciendo que sus personajes cuenten de manera explícita lo que pretenden, desobedeciendo las normas acerca del subtexto y la regla que dice que el cine debe mostrar y no explicar, irritando a colegas como David Chase, ha sido David Milch en *Deadwood*, una serie shakespeariana en muchos aspectos, aunque situada en el Oeste americano. En ella, los personajes dicen a menudo con una claridad insólita lo que pretenden, a veces a otros personajes y a veces a sí mismos, como el divertido alcalde E. B. Farnum, que intercambia con su ayudante diálogos de un intenso aroma shakespeariano, o el personaje más destacado de la serie, Al Swearengen, interpretado por Ian McShane, que habla con una cabeza cortada con más familiaridad que la que Hamlet emplea con el cráneo de Yorick. Incluso hay pasajes escritos en el pentámetro yámbico propio de Shakespeare.

¿Para quién escribimos?

> Cuando hago una película, yo soy el público.
>
> MARTIN SCORSESE

Conviene anticiparse a dos posibles objeciones, ambas extremas y ambas erróneas, relacionadas con la idea de que hay que escribir para los espectadores.

La primera objeción consiste en afirmar que la propuesta de pensar en el espectador equivale a ese tipo de frases que dicen algunos productores y empresarios del mundo audiovisual: «Esta película la tiene que entender cualquier espectador», «Es para toda la familia», «La tiene que entender mi madre». La traducción de estas frases es algo así como: «Elimina todo lo comprometido, lo ambiguo, lo arriesgado, cuenta verdades, pero que sean las verdades del barquero, aceptables para cualquiera. En definitiva, no te separes nunca de lo obvio y de lo evidente». No es eso lo que yo quiero defender aquí, aunque prestar la debida atención al espectador sirve tanto para una película rabiosamente comercial como para una del más elitista arte y ensayo.

La segunda objeción podría expresarse de la siguiente manera: «A mí no me interesa lo que piense el espectador, escribo el guión porque me apetece, porque quiero contar algo importante; quiero trasmitir esta gran verdad contra viento y marea, y no me dejaré influir por consideraciones acerca de lo que puedan pensar los espectadores».

Este planteamiento puede nacer de una sana preocupación por hacer algo que vaya un poco más allá de la mediocridad a la que nos tienen acostumbrados el cine o la televisión más comercial, o de una visión exaltada del guionista como artista tocado por la inspiración de las musas o la mano divina, concepción que procede de la época romántica. El problema es que, incluso si el guionista estuviese tocado por la mano divina, ello no serviría de mucho, porque la mano divina también tendría que tocar a todo el equipo que convertirá ese guión en una película. Un poeta, incluso un autor de novelas, quizá pueda dejarse llevar por eso que se llama «inspiración» y como resultado escribir, al menos de vez en cuando, algo que valga la pena, pero un guionista nunca está solo, o si se prefiere expresarlo con más claridad: un guionista nunca es el único autor de aquello que luego verán los espectadores. En consecuencia, el guionista tiene que pensar primero en el equipo que se hará cargo de su guión, porque no hay que olvidar que los primeros destinatarios de un guión no son espectadores sino lectores. Entre esos lectores de un guión se puede mencionar de manera apresurada a directores, realizadores, camarógrafos, escenógrafos, atrezzistas, actores, iluminadores, montadores o editores, encargados de vestuario, y muchos más. Solo tras pasar por las manos de todos esos lectores, el guión, convertido ahora en una pieza audiovisual, llegará al espectador.

En cualquier caso, si alguien sigue creyendo que escribir pensando en el público es vulgar o que solo puede dar lugar a obras mediocres, quizá le convenga saber lo que pensaba de este asunto el más célebre y prestigioso autor de todos los tiempos.

Shakespeare habla con los espectadores

Shakespeare no solo se preocupaba por los espectadores, sino que incluso hablaba con ellos. En algunos casos, como en los prólogos o pausas entre acto y acto, lo hace de manera explícita, como cuando en *Ricardo II,* ruega a los espectadores que corrijan con su imaginación las carencias de una representación teatral. En *Romeo y Julieta* también ofrece una rápida descripción de la situación y un anticipo de lo que va a suceder, anunciando incluso el trágico final de la obra. Baz Luhrmann, en su versión de *Romeo y Julieta,* convirtió ese prólogo en un moderno telediario que nos anunciaba las novedades del conflicto entre los Montesco y los Capuleto.

En *La tempestad* también podemos observar a Shakespeare mirando con preocupación hacia los espectadores, precisamente en uno de los pasajes en los que se siente obligado a recordar la historia previa a su relato. Sucede cuando el mago Próspero explica a su hija Miranda que él era duque de Milán y que su hermano le traicionó. Como es una explicación muy larga, Shakespeare hace que Miranda interrumpa en varias ocasiones a su anciano padre y que Próspero la regañe y, como dice Jonathan Bate[*], al mismo tiempo regañe al público desatento, pues Shakespeare considera fundamental conocer ese relato para que se entienda por qué Próspero se comporta de manera tan cruel con los náufragos llegados a su isla. En un momento dado casi nos parece escuchar al autor rogando a los espectadores que tengan un poco más de paciencia:

> PRÓSPERO
> Atiende un poco más y llegaremos
> a lo que ahora nos concierne, sin lo cual
> esta historia no vendría al caso.

Éste es un ejemplo, entre muchos otros que se podrían mencionar, de la atención que Shakespeare prestaba al público, del que incluso parece despedirse en el emocionante epílogo de *La tempestad*, donde Próspero (¿Shakespeare?) anuncia que abandonará la isla en la que ha vivido desterrado durante tantos años (¿Londres?) creando criaturas de aire (¿los personajes de

---

[*] Jonathan Bate, óp. cit.

todas sus obras?) y que regresará a Milán (¿Stratford Upon Avon?) para vivir una vida retirada, a no ser que alguien (¿el público?) le pida permanecer allí:

PRÓSPERO
Ahora magia no me queda
y solo tengo mis fuerzas,
que son pocas. Si os complace,
retenedme aquí, o dejadme
ir a Nápoles. Con todo,
si ya el ducado recobro
tras perdonar al traidor,
no quede hechizado yo
en la isla, y de este encanto
libradme con vuestro aplauso.
Vuestro aliento hinche mis velas
o fracasará mi idea,
que fue agradar.

Quienes crean que es muy arriesgado identificar a Próspero con Shakespeare y considerar este último parlamento como una despedida de los teatros, deberán también explicar por qué Próspero pide aplausos y por qué asegura que su intención ha sido «agradar», algo más propio de un dramaturgo que habla a su público que de un exiliado que regresa a su reino.

El público de Shakespeare

Shakespeare se preocupa de manera extraordinaria por el público, pero eso no significa que descuide la construcción de sus obras o que escriba para satisfacer los gustos más vulgares. Sin duda se vio obligado a hacerlo en muchas ocasiones, en tanto que dramaturgo, actor y empresario teatral que necesitaba que el público acudiera a las funciones de su compañía. Se conocen algunas anécdotas que ilustran cómo en ciertas circunstancias rebajó la calidad de su trabajo para adaptarse a las modas y tendencias de la época; también se sabe que tuvo que adaptarse a las necesidades de la compañía: si había dos gemelos entre los actores, era el momento de escribir una obra al estilo de Plauto, como *La comedia de las equivocaciones*.

Se pueden encontrar muchos más ejemplos de la atención con la que Shakespeare miraba hacia su público para ver el efecto que sus obras producían. Incluso hay un epílogo en *La segunda parte de Enrique IV* donde el autor se dirige directamente al público («algo que no se había hecho nunca», dice James Shapiro[*]). Allí se repite la preocupación de Próspero: «Mi temor es no haberos agradado; mi reverencia, mi deber y mi discurso es para pediros perdón». Después pide perdón a su público, a sus «amables acreedores», por una obra anterior de mala calidad y confía en haber pagado la deuda, anunciando obras todavía mejores.

Ahora bien, Shakespeare también parecía saber qué tipo de público deseaba para sus obras, como nos cuenta en *Hamlet,* cuando los actores se disponen a representar una farsa para descubrir al traidor que mató al rey. Allí, Hamlet, convertido en director de escena, un papel que el propio Shakespeare desempeñó a menudo, recuerda una representación que tuvo ocasión de ver:

> La obra, lo recuerdo bien, no gustó a la multitud, era caviar para el público. Pero, en mi sentir y en el de otros cuyo juicio en la materia pesa más que el mío, era una obra magnífica, bien concertada, y compuesta con tanta mesura como arte. Recuerdo que alguien dijo que no había pimienta en los versos que los hiciera picantes, ni nada en el lenguaje que pudiera acusar al autor de afectación, sino que tenía un estilo comedido.[**]

En otro momento, cuando uno de los actores recita un largo parlamento y Polonio se queja, Hamlet responde que «se acortará», pero vuelve a lamentarse del mal gusto y poca paciencia del público: «Éste solo quiere mojigangas o cuentos verdes; si no, se duerme».

---

[*] James Shapiro, *1599: un año en la vida de Shakespeare*. Siruela, 2007.
[**] William Shakespeare, *Hamlet* (citado en Shapiro, 2007, óp. cit.).

Naturalmente, al preparar el montaje de su obra, Hamlet no está pensando en todo el público que asistirá a la función, sino solo en un espectador, su tío, el rey Claudio, pues espera que el usurpador, al ver un regicidio en escena, no pueda evitar recordar el que él mismo ha cometido y lo manifieste en su actitud. Por eso la obra se llama *La ratonera*, porque es la trampa para una rata: «El teatro es la red que atrapará la conciencia de este rey». Un guionista puede pensar en un espectador ideal y escribir pensando en él, aunque también le conviene ser capaz de ofrecer otros niveles de lectura, para interesar al número de espectadores necesario que le permita seguir escribiendo guiones. Varios de los creadores de nuevas series de televisión, como David Chase (*Los Soprano*), Mathew Weiner (*Mad Men*) o Vince Gilligan (*Breaking Bad*) han declarado en diversas ocasiones, como hizo Shakespeare a través de Hamlet, que son conscientes de que muchos espectadores solo son capaces de percibir lo aparente y llamativo de sus trabajos, como la violencia, el sexo o los trajes elegantes.

A pesar de que, como ya hemos visto al hablar de las críticas de Tolstói y Lennox, Shakespeare podía llegar a descuidar la trama o la construcción de los personajes y sus motivaciones, ponía siempre el máximo cuidado en saber dónde estaban los espectadores. Sin duda le ayudaba el haber sido algo parecido a un *showrunner* en su época, puesto que, como ya se ha dicho, era autor, director de escena como Hamlet, empresario e incluso actor. Ahora bien, no resulta siempre fácil saber lo que piensa el espectador, porque el trabajo y el tiempo empleado en la construcción de los personajes y las tramas puede llegar a hacer perder la perspectiva a un guionista, haciéndole creer que todo lo que él conoce también lo conocerá el espectador. Ya sabemos, sin embargo, que el espectador (y antes que él el lector de su guión) solo sabrá lo que aparezca en la película o en el guión. Nada más. En realidad, es una suerte que los espectadores no conozcan a fondo la vida de los personajes ni toda la documentación que nosotros hemos manejado, porque eso hace más fácil prever sus reacciones. Para conseguirlo, lo primero que tenemos que hacer es construir el relato y no confundirlo con la historia.

La construcción narrativa

Un extraño caso de esquizofrenia narrativa

Como hemos visto, muchos teóricos recomiendan preocuparse del espectador, generar en él emociones, crear expectativas, encadenarle a la curiosidad del «¿qué va a pasar?» con tensiones sexuales no resueltas, ganchos y *cliffhangers*, puntos de giro, incidentes incitadores, detonantes y toda clase de artilugios narrativos... pero, una vez establecido todo esto, recomiendan que se construya y revise toda la estructura en función del protagonista y que se modifique, mejore o repare cualquier problema narrativo observando si en la estructura narrativa del protagonista tal problema o situación está o no está justificada.

Existe una evidente esquizofrenia en reconocer la importancia de causar ciertos efectos y emociones en el espectador y, sin embargo, recomendar mirar solo hacia el personaje al construir la estructura. Esa manera de contemplar la estructura ha dado lugar a todo tipo de equívocos y hace que muchos guionistas pierdan un tiempo precioso intentando desentrañar la misteriosa personalidad y las oscuras motivaciones de un personaje que ellos mismos se han inventado. Insisto en que ése no solo no es un trabajo inútil, sino que resulta fundamental y necesario: debemos conocer a fondo el mundo que queremos contar y a los personajes, pero debemos recordar también que la sucesión de acontecimientos en ese mundo y en las vidas de los personajes no coincidirá con lo que mostraremos a los espectadores. De lo que hablo es de la diferencia entre historia y relato. Algo que a veces olvidan los gurús del guión, cuando dan a entender a sus alumnos y lectores que el guión es la historia y que, por tanto, el guión mejorará y los problemas se arreglarán examinando la estructura de la historia. En realidad, lo que debemos examinar es el relato, que es aquello que verá el espectador. Conviene, en consecuencia, dejar claro qué es la historia y qué es el relato.

El mundo de la historia y el mundo del relato

La teoría crítica literaria (lo que antes se llamaba *poética*, en el sentido aristotélico) siempre ha distinguido entre historia y relato. Es una distinción elemental pero muy útil para entender en qué consiste el arte narrativo.

En *Las paradojas del guionista* puse el ejemplo de que la *historia* puede ser la de Napoleón, y que puede incluir todo lo que los historiadores nos han contado acerca de esta figura histórica, pero también puede tratarse de la historia de un personaje y un mundo imaginario, como la de *El señor de los anillos*, que Tolkien diseñó durante años. En ese mundo imaginario existe una cronología y una compleja sucesión de acontecimientos que avanza desde el pasado hacia el futuro, con decenas de personajes. Es decir hablamos de la *historia*, tanto si se trata de un acontecimiento histórico como si se trata de un mundo de fantasía como el de Tolkien.

Ahora bien, cuando Tolkien se disponía a escribir un nuevo libro, como *El hobbit*, *El Sillmarilion* o *El señor de los anillos*, no trasladaba sin más la historia o las historias de su mundo fantástico a su nuevo proyecto, sino que seleccionaba una parte de ese mundo inmenso, por ejemplo, las aventuras de Bilbo Bolsón en *El hobbit* o las de su sobrino Frodo en *El señor de los anillos*. Eso es el *relato* o *discurso*.

Pensemos en otro mundo fantástico tan conocido como el mundo de Tolkien: el de los dioses homéricos. Homero tenía a su disposición una inmensa base de datos, mucho mayor que la que Tolkien quiso construir en solitario, porque había sido transmitida de generación en generación y se había extendido por todas las ciudades helénicas. Cada ciudad tenía su héroe y los cantores contaban sus hazañas, pertenecientes a diversos ciclos heroicos. Entre estos ciclos, los más célebres eran la *Titanomaquia,* cuando los nuevos dioses olímpicos se enfrentaron a los titanes y se apoderaron del universo; la *Gigantomaquía,* en la que los olímpicos luchaban, con la ayuda de Heracles, contra los temibles gigantes y el prodigioso monstruo Tifón; la *Tebaida,* que contaba el ciclo heroico relacionado con la ciudad de Tebas, incluida la guerra que fue conocida como *Siete contra Tebas.* Pero el más célebre de todos esos ciclos era el troyano, que incluía varias secciones o tramas fundamentales, como las Ciprias, hoy casi perdido, donde se contaban los antecedentes de la guerra de Troya, el juicio de Paris y cómo este héroe, hijo del rey Príamo de Troya, entregó a la diosa Afrodita la manzana que había lanzado Eris, la Discordia: de ahí el nombre del ciclo, pues Cipris es Afrodita, la Venus griega. A este superciclo troyano también pertenecía el ciclo de los *nostoi* o regresos, es decir, el retorno de los héroes a sus hogares tras la guerra de Troya y el exilio de los troyanos cuando su ciudad fue conquistada. Dos de esos *nostoi* todavía se pueden leer, el de Ulises, que Homero cantó y contó en la *Odisea* y el del troyano Eneas, que Virgilio contó en la *Eneida*, con la intención de emparentar al caudillo troyano Eneas con los fundadores de Roma. En cuanto a la guerra de Troya en sí, se conserva el prodigioso relato de Homero en la *Ilíada*.

Ahora bien, si leemos la *Ilíada* con atención, descubriremos que no cuenta toda la historia del ciclo troyano, puesto que no se ocupa de las causas de la guerra (tema de las *ciprias*) ni de las consecuencias o regresos (tema de los *nostoi*); pero tampoco cuenta toda la guerra, sino que la acción se desarrolla en el último año, el décimo. Dentro de ese año, Homero selecciona ciertos momentos y ni siquiera llega a contarnos cómo fue conquistada la ciudad. Muchas personas que no han leído la *Ilíada,* o que lo hicieron hace mucho tiempo, no saben que ni siquiera se cuenta la célebre historia del caballo de Troya y tampoco la muerte del gran héroe Aquiles. La *Ilíada,* en definitiva, se centra en un pequeño fragmento de la guerra de Troya: se inicia en el momento en el que el rey Agamenón le quita la esclava Briseida a Aquiles, causando que el héroe decida retirarse del combate, y termina cuando Aquiles mata al troyano Héctor, arrastra su cuerpo en torno a las murallas y, cediendo a los ruegos del viejo rey Príamo, devuelve el cadáver. La *Ilíada*, por tanto, es como ya en la antigüedad se calificaba, «La cólera de Aquiles», es decir un pequeño fragmento del décimo año de guerra, que es a su vez un fragmento de los diez años de guerra, que son a su vez un fragmento del gran ciclo troyano, con sus causas, desarrollo y consecuencias, que es a su vez un fragmento de la edad de los héroes, que es a su vez un fragmento de la historia de los dioses y los hombres en la gran cosmología mitológica griega.

En definitiva, ese mundo denso y superpoblado en el que se movía Homero, es la *historia*, mientras que la *Odisea*, la *Ilíada* o la *Eneida* son el *relato*. Homero no nos cuenta ni siquiera la historia completa de la cólera de Aquiles ni la del regreso de Ulises, sino una selección, que además tiene un orden propio y también un punto de vista particular. Havelock Ellis ha comparado la manera en la que el ciego Homero nos cuenta estos pequeños fragmentos de la historia de Troya, construyendo el relato o discurso que son la *Odisea* y la *Ilíada*, con un ciego que recorre el inmenso edificio de la mitología y va palpando ciertos personajes y situaciones, para describirlos de una manera inimitable*.

Ya entre la *Ilíada* y la *Odisea* podemos notar una progresiva sofisticación del *relato* en relación con la *historia* que resulta muy interesante. Se trata de lo que en los orígenes del cine fue también un descubrimiento que cambió la manera de narrar: el montaje paralelo.

En la *Ilíada*, el relato comienza en el momento en el que Aquiles se retira del combate ofendido porque el general Agamenón le ha quitado a su esclava Briseida, continúa con diversos enfrentamientos entre griegos y troyanos y culmina en el duelo entre Héctor y Aquiles, la muerte de Héctor y el momento en el que Aquiles accede a devolver el cadáver de su enemigo. Es una narración que va, por tanto, desde el presente hacia el futuro de manera cronológicamente lineal. Es cierto que, de tanto en tanto, hay *flashbacks* en los que conocemos el pasado de algunos personajes, las causas de la guerra e incluso acontecimientos lejanos, pero, aparte de esos *flashbacks,* los únicos momentos en los que Homero se aleja de las llanuras de Troya o de la ciudadela inexpugnable es para tras-

---

* Ver *El guión del siglo 21. El futuro de la narrativa en el mundo digital* (Alba, 2011).

ladarnos al Olimpo, donde los dioses discuten acerca de la evolución del conflicto y deciden qué nuevas acciones tomar. En algunos momentos se producen atisbos de montaje en paralelo, por ejemplo cuando algún dios (como Apolo o Afrodita) combate junto a un héroe y, al mismo tiempo, desde el Olimpo Zeus se enoja y decide intervenir.

Sin embargo, la *Odisea* plantea un relato diferente, porque, ya desde el principio, establece un montaje en paralelo entre al menos tres o cuatro líneas de acción: por un lado, las andanzas de Ulises en su intento de regresar a Ítaca; por otro, los viajes de su hijo Telémaco en busca de noticias del padre desaparecido; en tercer lugar, los acontecimientos que se desarrollan en la casa familiar de Ítaca, centrados de manera especial en Penélope; en cuarto lugar, las acciones de Atenea, Poseidón y los demás dioses. De una manera mucho más clara que en la *Ilíada*, el relato de la *Odisea* nos muestra algo que en rigor no podría tener lugar en una historia: nadie puede presenciar al mismo tiempo tres acontecimientos que suceden en lugares distantes: Ulises en la isla de Circe, en la de Calipso o en la tierra de los feacios, Telémaco en la corte de Menelao, en Esparta, o en la de Néstor, en Pilos, y Penélope en Ítaca. Nadie podría hacerlo, excepto los dioses desde el Olimpo, claro. El narrador también puede hacerlo a su manera, por supuesto, y ofrecer al espectador todos esos momentos, coincidentes en el tiempo de la *historia*, pero ahora de forma sucesiva en el tiempo del *relato*[*].

El relato de Truman

Un problema que se presenta a quienes analizan y revisan la estructura en función del protagonista o los personajes consiste en convertir ese *relato* que han construido a partir de la *historia*, real o imaginaria, en una nueva línea de acciones sucesivas a la que atenerse y que determina sus decisiones narrativas. No han aprendido la lección básica de la narración: «El relato no es la historia». El relato es una selección de la

[*] En el medio audiovisual existen también maneras de mostrar acciones paralelas en el mismo momento, como la pantalla dividida y, en cierto modo, el encadenado entre dos escenas.

historia, una selección que puede ser reordenada, modificada y ampliada para conseguir despertar y acrecentar el interés del espectador. Si nos hemos librado de la pretensión de transmitir sin más la *historia*, porque sabemos que una cosa es lo que pasó y otra cosa es lo que queremos contar, si ahora construimos una férrea estructura alrededor del personaje, lo que estamos haciendo es atarnos a una especie de segunda historia, en la que nos preocupamos más por la biografía del personaje que por lo que experimentará el espectador al enfrentarse a nuestro *relato*, que era y debe ser nuestra verdadera intención.

Para comprender las posibilidades que se le ofrecen al narrador cuando piensa en la estructura teniendo en cuenta el *relato* en vez de la *historia* y al espectador en vez de al protagonista, vale la pena examinar un mundo y una historia imaginaria, de nuevo la de Truman Burbank, el personaje interpretado por Jim Carrey en *El show de Truman*. De este modo, podremos hacernos una idea de la complejidad casi inmanejable de cualquier *historia*.

En primer lugar, hay que señalar que resulta difícil o imposible representar todos los elementos de esta historia, la historia completa, porque no solo tendríamos que representar al protagonista, sino también a todos los personajes, puesto que se supone que cada uno de ellos vive su propia vida, incluso cuando no se relacionan con Truman. En el caso de *El show de Truman*, el asunto se complica, porque ya sabemos que todos los que rodean a Truman son actores con una doble vida. ¿Qué hacen cuando no intervienen en el show? ¿Llevan su vida de actores en la ficción o regresan por un momento a sus vidas de personas que no actúan? ¿Dónde situamos exactamente en la cronología de la historia el *making of* de «El show de Truman» en el que Christof nos explica en qué consiste su programa? Aunque el espectador lo ve en un montaje paralelo que intercala el *making of* con Truman ante el espejo, es obvio que las dos cosas no pueden suceder en el mismo momento, porque allí aparecen actores que no podrían estar al mismo tiempo hablando a la cámara y participando en el *show,* como la esposa de Truman. Así que si queremos simplemente ordenar en la cronología de la historia lo que vemos en la película, es decir, en el relato, ya nos enfrentamos a bastantes dificultades, a veces insuperables.

Pensemos, por ejemplo, en el padre de Truman, que estuvo presente en los primeros años del *reality show,* pero que luego fue despedido y que más tarde regresó. De ese paréntesis fuera del *show* no sabemos nada, pero podemos suponer que siguió trabajando en el «mundo real»* o exterior, quizá como actor o tal vez desempeñando cualquier otra profesión. En cuanto a personajes como la esposa o el amigo, ¿qué hacen cuando no están en cámara o cuando no se los necesita para engañar a Truman? Un divertido momento de la película, cuando Truman sigue a su esposa hasta el hospital, nos muestra que tanto ella como sus compañeros no parecen saber nada de medicina, así que lo más probable es que en los tiempos muertos se entretengan charlando en las cafeterías. Quizá los que tienen un papel menos importante en la farsa, se puedan ir a su casa y ver a sus verdaderas familias, si es que se puede salir del mundo de Truman de manera habitual, lo que tampoco está del todo claro.

Ya en este primer análisis de la *historia,* esa historia oculta, podemos ver que hay muchas cosas que no nos han explicado y que probablemente el guionista y el director ni siquiera se han preocupado por definir. Lo más probable es que solo se hayan preocupado por aquello que pueda hacer que el *relato* parezca incoherente.

---

* El «mundo real» desde el punto de vista que hemos adoptado en este análisis, al partir de la hipótesis de que el mundo de Truman existe y que la película nos muestra solo una parte de esa *historia.*

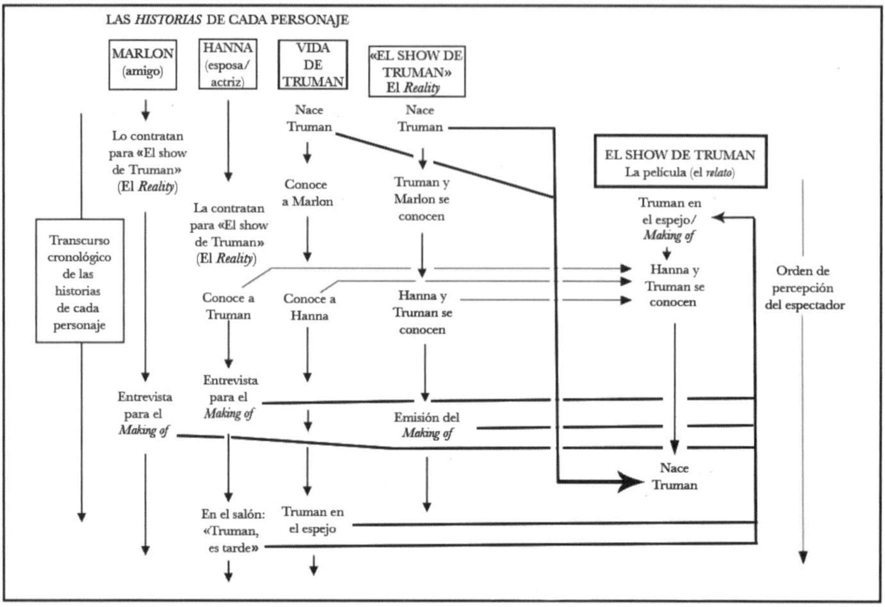

En este gráfico solo se representa el comienzo de *El show de Truman* y dos momentos posteriores de la película, pero ya se puede adivinar la complejidad de equiparar historia y relato y de intentar la tarea imposible de saber todo lo que sucede en la historia.

Entre las tramas de la historia, he seleccionado solo cuatro: la vida de Truman, que no sabe en qué tipo de engaño está metido, y las de su esposa Hanna y su amigo Marlon, que sí saben que están trabajando en una gigantesca cámara oculta o *reality.* Se supone que los dos, antes de entrar en el *show,* tenían su propia vida en el mundo exterior y que quizá todavía la tienen, en paralelo a su vida como actores. La cuarta historia es la del reality llamado «El show de Truman», que es también un relato que no coincide por completo con las vidas de Marlon y Hanna, pero sí en lo fundamental con la vida del propio Truman (aunque Truman, se supone, goza de cierta intimidad que no es registrada por las cámaras).

Como se ve, a veces todas las historias y relatos coinciden cronológicamente, pero en otras ocasiones no existe ninguna correspondencia. Como es obvio, los espectadores no vemos los acontecimientos en el mismo orden en el que se suceden en la historia: para nosotros, por ejemplo, el nacimiento de Truman es un momento tardío, mientras que en el mundo de la historia es uno de los iniciales en las tramas de cada uno de los personajes y también fue lo primero que vieron de Truman los espectadores del *reality,* aunque vuelven a verlo tres décadas más tarde, en el reportaje que se emite con motivo de los treinta años de «El show de Truman».

Como se puede observar, he situado juntas las escenas que se cuentan en paralelo al principio de la película: el *making of* en el que participa Christof y los actores, por un lado, y Truman Burbank en el baño, por el otro lado. Sin embargo, aunque a los espectadores nos da la impresión de que suceden al mismo tiempo, probablemente no es así, porque entonces los espectadores que ven el *reality* «El show de Truman» ¿qué estarían viendo?, ¿las dos cosas al mismo tiempo? Como esas acciones se nos muestran casi a la vez, tendemos a pensar que en el mundo de la ficción también suceden en paralelo, pero es muy posible que nos equivoquemos. Por otra parte, hay que suponer que el *making of* está grabado, aunque se emita en falso directo: no puede ser en directo porque la esposa no puede estar al mismo tiempo en una conexión en vivo con el *making of* y en la casa con Truman. En cuanto a la grabación de ese *making of*, tampoco podemos tener claro si citaron al amigo para grabar su parte antes o después que a la esposa, a pesar de que lo veamos aparecer antes.

En lo que se refiere a la línea narrativa del *relato*, es decir de la película, se puede ver que no hay solo una. Es cierto que la línea principal es la de Truman desde el momento en el que habla al espejo del baño hasta ese futuro en el que intentará escapar del *reality*, pero de tanto en tanto asistimos a escenas sueltas del pasado de Truman que no tienen continuidad. En ocasiones parece trazarse una línea narrativa que va desde el pasado de Truman hasta el momento presente (su nacimiento, la desaparición de su padre, el día que conoce y pierde a Laureen, etcétera), aunque esos momentos también aparecen a veces en un desorden temporal. Muchos detalles del *relato* son irresolubles en la *historia* y sería perder el tiempo, en especial por parte del guionista, intentar entenderlo todo. Y, por supuesto, es mejor no plantearse siquiera qué sucede en la vida personal de los otros personajes, en especial los actores que participan en el *show* y Christof. Si como guionistas tuviéramos que tener claro todo lo que le sucede a Christof, a los actores, a sus ayudantes, a los fans de «El show de Truman» o simplemente al propio Truman, podríamos volvernos literalmente locos y pasarnos toda la vida trazando cronologías. En definitiva, sería perfectamente posible representar de manera esquemática en tres o cuatro folios todas las escenas de la película, es decir, el *relato*, pero no podríamos hacer lo mismo con todo lo que sucede en el mundo de Truman (la *historia)*, ni siquiera lo que sucede en el *reality* «El show de Truman». En definitiva, como guionistas tenemos que enfrentarnos con la estructura del *relato*, no con la estructura de la *historia*.

La estructura del *relato* es esa sucesión de segmentos narrativos que hemos seleccionado, ordenado y enfocado desde un punto de vista u otro, para ofrecérselos al espectador. Ni más ni menos.

Quizá sea necesario aclarar que no cabe ninguna duda de que debemos trabajar en la construcción de los personajes y en sus tramas y pensar en aspectos de sus vidas que no vamos a mostrar pero que pueden ayudarnos a hacer más coherente e interesante lo que sí vamos a mostrar. Debemos trabajar a fondo en la construcción de la historia y de los personajes, porque, si no lo hacemos, será fácil que caigamos en contradicciones, confusiones e incoherencias que entorpecerán el disfrute del *relato* que queremos fabricar: al espectador le fastidia darse cuenta de que algo falla en lo que le estamos contando, descubrir que es imposible que eso sea coherente con el mundo no contado de la *historia*. Todo lo anterior es obvio, pero el problema surge cuando nos tomamos demasiado en serio esa investigación de la historia oculta y dejamos de lado lo más importante: observar nuestro *relato* y su efecto en los espectadores. Muchos guionistas se desesperan intentando cuadrar detalles de la historia oculta que no influirán de ningún modo en el guión definitivo, o fabrican elaboradas *biblias*, como se puso de moda en la década de 1990, en las que rastrean hasta el último detalle de la vida de sus personajes, incluso antes de haber escrito ni siquiera una línea del guión o de haber iniciado el trabajo con la pizarra de la sala de guionistas*. Pero lo importante no es acumular cantidades ingentes de información, sino saber usar la información relevante y poder darnos cuenta de si causaremos en el espectador el efecto deseado. Para ello debemos saber no solo dónde está más o menos el protagonista en esa *historia* inabarcable, sino dónde está el espectador en ese *relato* que nosotros mismos le ofrecemos.

Por otra parte, hay que decir claramente que si empleamos los recursos del arte audiovisual, desde el cambio entre blanco y negro al color, la manipulación de la imagen o del sonido, ensoñaciones o efectos de edición, nos

* El lector podrá ver más adelante, en el capítulo «EL ESQUEMA DE PASOS» cómo se trabaja con pizarras o tablones en las salas de guionistas.

encontraremos ante ciertas circunstancias narrativas que serán literalmente inexplicables en la *historia* y que solo tienen sentido en el *relato.*

Orden y desorden en el relato audiovisual

Cuando distinguimos claramente entre historia y relato se abre ante nosotros un mundo de posibilidades narrativas inmenso, porque ya no tenemos que obsesionarnos por conocer, controlar y manejar una historia inabarcable como la del mundo imaginario de Truman Burbank, que incluye esa especie de *reality show* en el que vive y a todos los actores que participan en él, pero también a las personas implicadas, como su creador Christof, la mujer de la que está enamorado Truman, su padre, los fans del programa y todos los que viven en el mundo exterior. En vez de controlar algo tan inabarcable como ese mundo, o el mundo napoleónico, o el de la antigua Roma, o la Edad Hiboria de *Conan el bárbaro,* el guionista puede concentrarse en una tarea más manejable: el *relato,* es decir, aquello que va a ver el espectador. Desde este punto de vista, armado con un conocimiento más o menos amplio de esa historia oculta, según el caso y la manera en la que le guste trabajar, el guionista podrá ir colocando las piezas de su relato, seleccionando, ampliando, repitiendo, omitiendo hasta lograr una estructura orientada al espectador que sea coherente, incluso aunque no esté seguro de que esa coherencia exista en lo no contado. Como dije páginas atrás, hay guionistas y escritores que intentan tener un conocimiento exhaustivo de la historia, mientras que a otros no les preocupa en absoluto: Shakespeare, por lo general, se limitaba a tomar una trama ajena, como la de *Romeo y Julieta* de Mateo Bandello o la de *Hamlet* a partir de la leyenda de Amleth y una obra de teatro isabelina hoy perdida, para, a partir de esos argumentos, construir su *relato,* por lo que lo más probable es que no dedicase apenas tiempo a imaginar ese mundo oculto de la historia. Otros escritores, como J. R. R. Tolkien o Mathew Weiner, al parecer se sumergen en sus mundos imaginarios para después extraer las pequeñas piezas de sus relatos. Pero, sea cual sea el método empleado, lo importante es que la estructura del relato sea convincente, coherente e interesante, lo que incluye por regla general que el espectador no sienta que algo de lo que ve no puede estar justificado por esa realidad oculta de la historia.

En este juego de selección, orden y desorden de historia y relato, un guionista puede tomar un camino fácil (pero que puede dar lugar a grandes obras), concentrándose en un espacio de tiempo muy concreto de la historia y contándolo de manera lineal, sin más; es decir, trasladando, quizá con alguna elipsis, el tiempo de la *historia* al tiempo del *relato*. Lo hace James Joyce en el monólogo de Molly Bloom de *Ulises,* y Miguel Delibes en *Cinco horas con Mario:* monólogos en un tiempo y un espacio continuo. También se puede recurrir al montaje paralelo, como ya vimos que sucede en *Odisea*, con al menos tres relatos que se alternan, que llevan al oyente (en la época clásica), al lector (durante los siglos posteriores) o al espectador (a partir del siglo XX) a diferentes lugares con un tiempo más o menos continuo.

Pero también se pueden complicar un poco las cosas, como en *El show de Truman* y mezclar tiempos y espacios, sin aclarar del todo al espectador cuándo sucede cada cosa, como el *making of* de *El show de Truman:* ¿Se grabaron las entrevistas meses antes de la vida de Truman al comienzo de la película o unos días antes?, ¿se emitió momentos antes de que veamos a Truman despertándose en su casa o una semana antes? No lo sabemos, pero tampoco nos preocupa demasiado.

En otras ocasiones, al reordenar la historia alcanzamos grandes resultados en el relato, como veremos más adelante al examinar *El tiempo y los Conway* en relación con los actos de la estructura, o como sucede en *Pulp Fiction,* en *Infernal Affairs* o en la soberbia *Dos en la carretera*, de Stanley Donen, donde asistimos a un salto continuo entre diversos momentos a lo largo de doce años en la vida de un matrimonio, con el nexo común de seis viajes en coche por el sur de Francia. A veces el desorden del *relato* hace que la *historia* sea interesante. El propio Donen decía que si siguiéramos en orden cronológico la vida de sus dos protagonistas el resultado sería muy aburrido, lo que probablemente también se puede decir de *21 gramos,* de Alejandro

González Iñárritu. Al desordenar la historia en *Dos en la carretera* no solo se consigue que el espectador perciba de manera diferente los acontecimientos, sino que también le hace experimentar diferentes emociones, al dotar a una escena trivial del pasado de toda la carga pesimista de un futuro que ya conocemos. Y no solo eso: también se establecen inesperadas conexiones y relaciones entre momentos muy separados en el tiempo, creando algo que solo existe en la mente del espectador, por ejemplo, al lograr que un personaje parezca responder al instante a una frase pronunciada por el otro diez años antes, o que una escena se cargue de significado, como cuando, después de ver a Audrey Hepburn y Albert Finney señalar en un restaurante a una pareja que no habla y oírles asegurar con humor y desdén que sin duda se trata de un matrimonio «porque los matrimonios ya no hablan entre ellos», enseguida vemos a los dos en el presente, sentados en un restaurante sin hablar.

Por otra parte, no solo puede desordenarse el relato o usar *flashbacks* y *flashforwards* (analepsis y prolepsis), sino que pueden repetirse ciertos momentos de la historia en el relato, creando un sentido nuevo cada vez. Así sucede en un magnífico capítulo de *Mad Men*, «La otra mujer»*, en el que los publicitarios de la empresa tienen que competir con otra agencia por un contrato con Jaguar. Uno de los directivos de Jaguar les insinúa que podrían lograr el contrato si le facilitaran un encuentro sexual con la secretaria Joan Holloway, a lo que se opone Don Draper, el protagonista de la serie. Sin embargo, en su ausencia y con el consentimiento de la propia Joan a cambio de convertirse en accionista, deciden cumplir la exigencia del directivo de Jaguar. Cuando Don se entera, corre hacia la casa de Joan para impedirlo y le dice que no lo haga y que es preferible perder el contrato de Jaguar. Ella parece asentir. Lo siguiente que vemos es la reunión de los publicitarios con Jaguar, donde Don presenta su proyecto, pero entonces nos muestran en paralelo a Joan acudiendo al hotel del directivo que hizo la propuesta (al que no hemos visto en la reunión). Deducimos que, mientras tiene lugar la reunión,

* Es el episodio 11 de la quinta temporada, escrito por Semi Chellas y Mathew Weiner.

ella está con el directivo en el hotel, pero entonces la cámara nos muestra que ese hombre está en la reunión y que, por tanto no puede estar en el hotel al mismo tiempo. Enseguida nuestra nueva sospecha se confirma cuando se repite exactamente la misma escena en la que Don decía a Joan que no tenía que acostarse con el directivo de Jaguar. Ahora entendemos todo: Don no llegó antes de que Joan se acostase con el directivo, sino después, poco después de que ella regresara del hotel. Es una sucesión de secuencias muy poderosa e ingeniosa, que juega en todo momento con el espectador, que va elaborando y revisando hipótesis a medida que descubre más información.

ESTRUCTURA DESDE EL PUNTO DE VISTA DE LA HISTORIA (CRONOLÓGICO)

Propuesta del directivo de Jaguar.	
Joan y la agencia aceptan.	
Joan en el hotel con el directivo. Él le regala una esmeralda.	
Joan vuelve a casa y se quita la esmeralda.	
Don en casa de Joan: le pide que no lo haga.	
Reunión con Jaguar.	
Don descubre lo que ha hecho Joan.	

ESTRUCTURA DESDE EL PUNTO DE VISTA DEL RELATO Y DEL ESPECTADOR

Propuesta del directivo de Jaguar.		El espectador cree que no aceptarán la burda propuesta del directivo de Jaguar, pero no está del todo seguro.
Joan y la agencia aceptan.		Joan, bajo la presión de sus colegas, acaba por aceptar el infame acuerdo. El espectador empatiza con Don Draper, que se propone impedirlo.
Don en casa de Joan: le pide que no lo haga.		El espectador piensa que Joan no se ha acostado con el directivo de Jaguar. Piensa que quizá seguirá el consejo de Don y no lo hará.
Reunión con Jaguar. ------------------------ Joan en el hotel con el directivo. Él le regala una esmeralda.		El espectador piensa que Joan está con el directivo al mismo tiempo que tiene lugar la reunión. Al final de la escena se da cuenta de que las dos cosas no pueden coincidir en el tiempo y piensa que lo de Joan es un *flashback*, pero no lo sitúa con precisión en el tiempo.
Joan vuelve a casa y se quita la esmeralda (enlaza sin transición con la escena siguiente).		El espectador entiende que está viendo el momento posterior al encuentro de Joan con el directivo de Jaguar, pero no sitúa todavía con precisión el momento exacto en que sucedió.
Don en casa de Joan: le pide que no lo haga.		El espectador ahora se da cuenta de que Don llegó a la casa de Joan no antes, sino después de que ella se acostase con el directivo de Jaguar.
Don descubre lo que ha hecho Joan.		El espectador contempla, con una sensación de ironía dramática, cómo Don se da cuenta de su error y que en realidad no pudo impedir que Joan se acostase con el directivo de Jaguar.

Cómo manejar al espectador

Maneras de predecir el futuro

Cuando hablo de saber dónde está en cada momento el espectador o de prever qué pensará, parece que esté pidiendo algo imposible, porque en una sala de cine no hay un solo espectador, sino muchos. ¿Cómo podemos saber lo que pensarán los espectadores de una película si ni siquiera los conocemos personalmente?

La respuesta es que podemos lograrlo porque los espectadores son bastante predecibles. Tan predecibles como cualquiera de nosotros. Eso es algo que saben los magos, los mentalistas, los hipnotizadores y los expertos en un viejo arte que ahora se llama lectura en frío, que consiste en leer las mentes ajenas o en poner en ellas las ideas o las imágenes que nosotros queremos que contengan. La lectura en frío requiere cierto estudio y entrenamiento, pero puede dar muy buenos resultados con un poco de colaboración por parte de la víctima. Como es sabido, la hipnosis solo se produce si el paciente está dispuesto a caer en un trance de sugestión. Ésa es la razón por la que los hipnotizadores hacen un *casting* previo entre sus víctimas, para seleccionar a los más sugestionables. Esa confianza en el mago, esa entrega, es un requisito para que él pueda lograr que esas personas realicen todo tipo de acciones extravagantes.

La ventaja con la que contamos los guionistas, directores, montadores y cineastas en general es que nuestras víctimas están dispuestas a entrar en trance hipnótico: nadie les obliga a ver una película o una serie y casi siempre lo hacen por voluntad propia. Si están en una sala de cine, nos hallamos ante las condiciones ideales para cualquier hipnotizador: a oscuras y mirando fijamente a la pantalla, ajenos a otros estímulos exteriores, concentrados en ser engañados a conciencia durante una hora o dos. Ésa es una de las razones por la que mucha gente no soporta que en el cine sus vecinos coman palomitas o beban ruidosamente refrescos: su inmersión en la sesión de hipnosis puede venirse abajo.

Si el público está entregado a nosotros en condiciones tan ideales, es fácil saber qué es lo que va a pensar, precisamente porque somos nosotros quienes vamos a proporcionarle los estímulos, las imágenes y las ideas.

Para mostrar a mis alumnos hasta dónde llega el poder de la sugestión, en ocasiones les invito a ver un vídeo del mago y prestidigitador británico Derren Brown, un moderno Houdini audiovisual. Si el lector tiene la suerte de estar leyendo este libro en un aparato electrónico que le permita también navegar, le recomiendo que interrumpa por un momento la lectura y haga clic o copie este enlace: https://vimeo.com/home/myvideos*. Allí podrá ver un vídeo en el que Derren Brown demuestra cómo es posible sugestionar a dos publicitarios. Si está leyendo un ejemplar impreso, puede interrumpir por un momento la lectura y visitar esa dirección de Internet. Pero ¿a qué esperas, querido lector? Es el momento de ver el vídeo.

Cuando haya visto el vídeo, el lector puede continuar la lectura en la próxima página.

* También puede verlo a través de la página web dedicada a este libro: www.danieltubau.com/elespectadoreselprotagonista.

El arte de la sugestión

Bien, supongo que los lectores ya habrán visto el vídeo de Derren Brown, y también la explicación final, por lo que ya sabrán cómo se las apaña Brown para meter en las cabezas de los dos publicitarios las imágenes y frases promocionales que emplearán después en su campaña de publicidad, creyendo que se les acaban de ocurrir. Para quienes no hayan podido ver el vídeo de Brown, lo describo a continuación.

En el vídeo vemos cómo Derren Brown convoca a sus lujosas oficinas a dos publicitarios de una conocida agencia. Un chófer va a recogerlos y los lleva hacia un lugar que ellos no conocen. En un imponente edificio les recibe y les dice que quiere hacer una campaña de publicidad. Los publicitarios deberán diseñar un logotipo, un lema para la empresa y una propuesta sencilla de la campaña. Cuando le preguntan qué tipo de empresa es, Brown corre un panel y les muestra un gran oso pardo y otros animales disecados: «Se trata de una cadena de tiendas dedicada a la taxidermia». A continuación, deja solos a los publicitarios para que hagan sus primeros bocetos, pero antes les deja un sobre cerrado con «algunas ideas» que él mismo ha pensado para la campaña. Los publicitarios se ponen a trabajar y Brown regresa media hora después. Ellos le enseñan su trabajo y los dibujos y lemas que han ideado: un oso que toca el arpa y el lema ANIMAL HEAVEN: The best place for dead animals».

La propuesta de los publicitarios: un oso que toca el arpa, unas alas, el nombre «El cielo de los animales» (Animal Heaven) y el lema «El mejor lugar para los animales muertos».

Después, Brown les pide que abran el sobre que les dejó; al hacerlo, descubren un dibujo que se parece asombrosamente al que ellos han hecho: un oso tocando el arpa y un nombre de la campaña y un lema casi idénticos: «Creature Heaven: the best place for dead animals». Los dos publicitarios se quedan asombrados, humillados en su orgullo creativo y sin entender cómo es posible que hayan imaginado lo mismo que Brown.

La propuesta (previa) de Brown: un oso que toca el arpa, dos alas, el título «El cielo de las criaturas» (Creature Heaven) y el lema «Donde van los mejores animales muertos».

Después de dejar asombradas y confusas a sus dos víctimas, Brown nos ofrece la explicación: volvemos a ver a los publicitarios en el taxi, pero ahora nos detenemos en diferentes imágenes que se les han mostrado de manera subliminal en ese largo trayecto: allí está el arpa irlandesa (en un escaparate), las puertas del zoo varias veces, las alas, el nombre de la empresa (Creature Heaven)... El oso, por supuesto, es el gran oso disecado que les mostró en la oficina. Tampoco es casual que el encuentro tenga lugar en un edificio tan alto, casi en el cielo, que es otro de los elementos que aparece en la campaña: las puertas del zoo como puertas... del cielo.

Es seguro que algunos lectores adivinaron el truco antes de la explicación, ya desde que vieron el viaje en coche de los publicistas, pero es importante señalar que si pudieron hacerlo fue porque Brown decidió ofrecerles esas imágenes: la mayoría de los magos y la totalidad de los farsantes ocultan esa parte y así pueden asombrar al mundo con sus hazañas. Basta con no mostrar el viaje en coche para multiplicar el asombro e impedir que se descubra el truco.

La manera en la que Derren Brown sugestiona a los dos publicitarios es lo que se conoce desde hace décadas por sugestión subliminal, de la que hay bastantes ejemplos en la publicidad. Una de las técnicas más efectivas de la publicidad, como explica el propio Brown en el vídeo, consiste en crear una familiaridad hacia el producto, de manera que, sin ser consciente de haber sido sometida a un constante bombardeo de imágenes, cualquier persona, al ver el producto en un supermercado, sienta el impulso instintivo a comprar ese producto en vez de otro. Como es obvio, crear esa familiaridad puede requerir una importante inversión, por lo que uno de los lemas de los publicitarios es: «En una campaña publicitaria el 50 por ciento de la inversión no sirve para nada, pero el problema es que no sabemos cuál es ese 50 por ciento» (así que no hay más remedio que invertir el cien por cien).

Por regla general, los narradores, guionistas, novelistas y cuentistas pertenecemos al gremio de los farsantes y ocultamos lo mejor posible nuestros trucos. A veces lo hacemos tan bien que ni siquiera nosotros mismos somos conscientes de que estamos empleando trucos narrativos. Creemos que nos comunicamos honestamente con el lector o el espectador, ofreciéndole un pedazo de realidad sin manipular, pero hay poderosas razones para dudar de que tal cosa sea posible. Aunque sea de manera no consciente, los buenos narradores son siempre buenos manipuladores. El guionista, en consecuencia, dispone de las mismas o incluso mejores herramientas que un mentalista o un publicista para sugestionar a los espectadores. Todo consiste en dar la información en el momento preciso, eso sí, sin que parezca información; recuérdese la paradoja: «El espectador debe creer que es libre, pero no debe serlo»*. Por otra parte, hay que tener en cuenta tanto las características engañosas de nuestra percepción como la manera en la que funciona la intuición y los prejuicios en el ser humano. Es obvio, un guionista no puede estar en la

---

* En mi libro *Las paradojas del guionista. Reglas y excepciones en la práctica del guión* (Alba, 2007).

mente de todas las personas que van a ver una película o leer un libro, pero existen muchas ideas que todos compartimos y la mayoría de las personas reaccionamos de manera semejante ante ciertos estímulos. Por poner un ejemplo, casi cualquier espectador, al ver a un hombre delgado y calvo de rostro serio ajustándose con cuidado unos guantes, piensa que se trata de un asesino, o al menos un ladrón o un espía, a pesar de que podría tratarse de un relojero, o de alguien que va a reparar un cartucho de tinta, o simplemente de un hombre que va a dar un paseo en invierno.

La carta robada y la focalización de la atención

Uno de los primeros relatos policiacos publicados fue *La carta robada*, de Edgar Allan Poe. En la historia, protagonizada por el detective Auguste Dupin, se cuenta el extraño caso de la desaparición de una importantísima carta. Tras buscarla por todas partes, los policías desisten de encontrarla. Pero entonces interviene Dupin y muestra que la carta estaba en el lugar más inesperado: el tarjetero en el que se guardan las cartas comunes. El ladrón sabía que los policías buscarían en los lugares más insólitos, porque en esos lugares es donde suele esconderse algo de mucho valor, así que lo que hizo fue romper y arrugar la carta y dejarla en ese tarjetero, a la vista de cualquiera.

Sucede, en efecto, que a menudo no vemos lo que tenemos delante de los ojos, precisamente porque estamos buscando otra cosa, o porque tenemos una idea equivocada acerca de eso que estamos buscando. Si buscamos un libro en nuestra biblioteca y recordamos que el libro es amarillo, podemos verlo cien veces sin darnos cuenta de que está ahí... porque en realidad es azul y nuestra memoria nos ha jugado una mala pasada.

Los guionistas y los novelistas, en especial en los relatos policiacos juegan con la ocultación y el escamoteo, pero saben que también muchas veces la mejor manera de ocultar una cosa es mostrarla, si, al mismo tiempo, se logra distraer la atención hacia otra cosa. Los magos saben que los movimientos circulares de la mano atraen la atención, mientras que las líneas rectas pasan más desapercibidas, así que, cuando quieren manipular algo delante de nosotros con una mano, con la otra trazan espirales en el aire, que atraen inevitablemente nuestra atención. En otras ocasiones es la mirada del mago la que dirige nuestra atención: no podemos evitar mirar hacia donde ellos miran, lo que aprovechan para hacer un movimiento que nos pasa completamente inadvertido, como robarnos la cartera.

Por otra parte, el guionista dispone de muchos trucos narrativos que le permiten construir un relato interesante, capaz de atraer la atención y mantenerla, pues durante siglos los escritores y otros artistas han creado más y más técnicas, perfeccionando el arte narrativo. Casi todas estas técnicas se dirigen al espectador, aunque también pueden afectar a la trama en sí, al protagonista o a los personajes. Son técnicas que sirven para sugestionar al espectador, poner en marcha en él la máquina de hacer hipótesis, hacerle imaginar. En la segunda parte, TÉCNICAS NARRATIVAS, mostraré al lector muchas de ellas.

Diferentes desenlaces

En *Las paradojas del guionista* expliqué cómo transmitir información sin que lo parezca, en esa parte del guión conocida como «exposición». Al contrario de lo que sugieren algunos teóricos no hay por qué situar la información fundamental al inicio de un guión o una película, pues existen muchas películas en las que el espectador no recibe suficiente información hasta ya bastante avanzado el relato, porque la dosificación adecuada de la información es un excelente recurso para avivar el interés del espectador. También hablé en *Las paradojas del guionista* de la manera de evitar un *deus ex machina* (una resolución no creíble de una trama), mediante el procedimiento de «escribir hacia atrás», es decir, sembrar o plantar pequeños detalles que anticipan de manera casi inadvertida el desenlace. De este modo, cuando llega el desenlace, el espectador se lleva una pequeña sorpresa pero también piensa que lo que se le ofrece es coherente con todo lo que había visto hasta ese momento. Cuando el guionista siembra pequeños detalles que poco a poco van aumentando en importancia, lo que hace es conducir al espectador, llevarle hacia donde él quiere, pero sin que lo parezca. Es cierto que muchas veces los espectadores piensan: «Ya sabía yo que iba a pasar esto», pero también lo habrían pensado ante otra situación que fuera coherente con lo que sucedió antes en la película. En realidad, siempre hay varias opciones posibles para un desenlace o para el desarrollo de una trama a lo largo de la película, y muchas de ellas son perfectamente compatibles con lo que ha ocurrido antes. Por eso, una de las mejores estrategias para crear un final, que sea aceptable para el público pero que no sea absolutamente previsible, es construir el relato de manera que sean posibles y verosímiles dos o tres desenlaces.

Cuando construimos la trama de tal manera que haya dos o tres finales aceptables, es decir que se ajusten a la paradoja «El desenlace debe ser a la vez sorprendente e inevitable», podemos lograr que la mente del espectador se mueva entre diferentes opciones, unas posibles, otras imposibles; unas plausibles, otras disparatadas, unas verosímiles, otras difíciles de creer. Entre las posibles, verosímiles y plausibles estarán, sin duda, varias de las que el guionista ha considerado, así que cuando suceda una de ellas, el espectador tendrá la agradable sensación de que él ya lo sabía y, al mismo tiempo, que no le ha decepcionado del todo descubrir que ya lo sabía. Lo que suele suceder en estos casos es que el espectador, en efecto, ya sabía que iba a suceder eso, aunque otros tres o cuatro posibles desenlaces le habrían provocado la misma sensación. La explicación de esta sensación es que el espectador de una película es como el aficionado a los juegos de azar que, cuando sale un número, tiene la sensación de que él ya sabía que iba a salir, a pesar de que haya apostado por otro número. En realidad, el jugador que lanza un dado siempre sabe el número que saldrá, porque es seguro que saldrá un número entre el 1 y el 6. Lo habitual es que al lanzar un dado, el jugador piense por un instante, de manera consciente o inconsciente, en los seis números que pueden salir.

Resulta un poco más difícil pensar en los 50 números de un bingo, pero no hay que subestimar la capacidad de nuestro cerebro para pensar en segundo plano, así que incluso en el salón de bingo puede quedarnos una ligera sensación de que ya sabíamos que iba a salir el 17, a pesar de que en el plano consciente pensábamos en el 3, el 6, el 16 y el 43.

La tarea del guionista consiste en focalizar la atención del espectador hacia una serie de posibilidades no tan extensa como la de un bingo, sino más bien cercana a las seis posibilidades de una tirada de dados. Eso sí, en ocasiones se puede estrechar el número de posibilidades y reducirlo a dos, como en una película en la que el momento clave sea aquel en el que el protagonista tiene que tomar la decisión de quedarse con su nuevo y fascinante trabajo o permanecer junto a su familia en el casi ruinoso negocio que heredaron de su padre. Decida lo que decida el guionista, será interesante desde el punto de vista narrativo: en un caso se abre para él una nueva vida llena de entusiasmo y el espectador se contagiará y empatizará con esa alegría; en el segundo caso, la empatía se produce porque el personaje no abandona a los suyos llevado por su egoísmo personal. Sí, es cierto que en ambos casos puede quedar un cierto regusto amargo: el personaje ha renunciado o bien al trabajo de su vida o bien a su familia y amigos, pero esas aristas son fáciles de limar: en el primer caso, podemos mostrar la solidaridad de la familia, que le alienta a escoger ese trabajo, ya que, en cierto modo, todos sienten que al triunfar él triunfan todos con él; en el otro posible desenlace, la familia o él mismo podrán aplicar al negocio familiar lo que él ha aprendido en sus andanzas por el mundo de la gran empresa. En definitiva, existen muchas maneras, una vez escogido uno de los dos desenlaces, de arreglar los pequeños desperfectos. Y también, por supuesto, se puede decidir no arreglar esos desperfectos y ofrecer al espectador un final un poco amargo o triste. Sea como sea, lo importante es que si el guionista ha logrado llevar la película hacia esas dos o tres únicas posibilidades, el espectador se quedará más o menos decepcionado porque no ha sucedido lo que él prefería que sucediera, pero también aceptará que lo que ha sucedido es razonable. Nadie cree ilógico que salga un 5 en la tirada de dados, aunque haya apostado por un 2.

También puede suceder que el guionista se las arregle para ofrecer al espectador no dos desenlaces posibles y plausibles, sino tan solo uno. Eso sucede en las películas en las que la trama se desliza irremediablemente hacia la fatalidad: sabemos que todo acabará mal, pero queremos verlo. Es obvio que el desenlace de *Titanic* será que el barco se hunde, y también es muy probable que muera Leonardo Di Caprio: eso ya lo ha aceptado el espectador desde antes de entrar en la sala, o poco después de sentarse en su butaca. Lo mismo sucede en *Edipo rey* de Sófocles: el espectador sabe que Edipo acabará precipitado en el más negro de los dramas, pero quiere ver cómo sucede. Así pues, no resulta tan difícil predecir el comportamiento de los espectadores, no solo gracias a unos ciertos conocimientos de psicología y sociología (según la época, los gustos narrativos cambian), en especial porque nosotros mismos podemos acotar el terreno de la predicción a unos límites manejables.

Decir lo contrario de lo que queremos

El lingüista George Lakoff propuso hace mucho tiempo la célebre paradoja del elefante: si le decimos a alguien que no piense en un elefante, lo único que conseguiremos es que piense en un elefante. Es inevitable. Los guionistas también emplean este viejo pero efectivo truco, porque el espectador, cuando escucha que algo no va a suceder no se siente tan condicionado como cuando le dicen que algo va a suceder, y no piensa que está siendo manipulado. En muchas películas ese método se emplea en lo que se podría llamar la «escena tesis», que prepara al espectador para aceptar y asumir la tesis, la intención o el problema central de la película, una escena que lo condiciona para aceptar (a veces sin siquiera advertirlo) asuntos que tendrán cada vez más importancia a medida que avance la película. Podríamos decir que es un tipo de siembra, como aquella que se usa para evitar un *deus ex machina* o hacer creíble un desenlace, pero la diferencia con la siembra es que en esta escena se contiene la esencia de lo que el narrador quiere contar, la filosofía de la película, el dilema moral, podríamos decir. A menudo esa escena contiene la razón que llevó al guionista o al novelista a escribir esa obra. Es una escena que contiene una semilla que pasa casi inadvertida, y la mayoría de los espectadores ni siquiera son conscientes de ella, incluso cuando ya han visto la película y se dedican a analizarla. Mencionaré aquí dos ejemplos.

El primero pertenece a *Balas sobre Broadway*. Quizá el lector ya ha pensado a qué escena me estoy refiriendo. Piénselo. Le iré dando pistas pregunta tras pregunta: ¿Qué escena sintetiza la idea central de la película?, ¿qué escena contiene la cuestión que llevó a Woody Allen y Douglas McGrath a escribir el guión?, ¿en qué escena se plantea el dilema que jugará un papel determinante en el desenlace de la película?

Es probable que los lectores hayan pensado en varias escenas importantes de *Balas sobre Broadway* y es seguro que muchas de ellas son clave en el desarrollo de la trama, pero la escena tesis, aquella que contiene el dilema que preocupa de verdad al guionista, es una escena bastante anodina en la que no hay tiros ni persecuciones ni grandes conflictos. Antes de continuar leyendo, el lector puede ver la escena entrando en la página de este libro y haciendo clic en el enlace «Charla bohemia»*.

¿Ya ha visto la escena?

Bien. Como dije antes, es una escena sin gran importancia, una simple discusión de café entre artistas bohemios: David Shayne y sus amigos hablan de arte y uno de ellos, interpretado por el director Rob Reiner, plantea un típico dilema: «¿Qué harías si tuvieras que elegir entre salvar el último ejemplar de las obras completas de Shakespeare que queda en el mundo o al portero de la biblioteca?». La respuesta del protagonista es que salvaría las obras completas de Shakespeare. Otros comensales protestan, alarmados por el hecho de que alguien prefiera salvar un libro antes que una vida humana, pero Flanders estrecha la mano de Shayne complacido: «¡Las obras de Shakespeare son vida!». Su amigo ha demostrado ser un verdadero artista, porque, entre el arte y la vida, ha elegido el arte. La escena está llena de detalles interesantes, como el hecho de

* En www.danieltubau.com/elespectadoreselprotagonista.

que apenas unos momentos antes de esta decisión una de las mujeres ha recomendado a la novia del protagonista que no lo deje nunca, porque «es un buen hombre». Hay una ironía evidente en el hecho de que Shayne sea definido como un buen hombre y enseguida declare que dejaría morir a otro hombre para salvar un libro. No es una ironía casual, porque la escena contiene el dilema de la película. En efecto, *Balas sobre Broadway* convierte en real ese dilema clásico de charla intrascendente: «el arte o la vida». Podemos imaginar a Woody Allen haciéndose la pregunta e imaginando un argumento como éste:

> David Shayne es un artista, o al menos cree serlo, así que elige el arte en esa conversación bohemia, pero, a medida que avanza la película, tendrá que enfrentarse a ese dilema en la vida real. Uno de los mafiosos, Cheech, se va implicando más y más en la obra de Shayne hasta que se convierte en el autor en la sombra. Todo va bien, la obra se estrena en provincias y obtiene buenos resultados, Shayne disfruta de su creciente fama, sabiendo que el mérito no le corresponde a él, pero tranquilo porque Cheech le ha dicho que guardará el secreto de su colaboración. Sin embargo, hay un pequeño problema: en la obra tiene que participar Olive, la amiguita del jefe de Cheech, el temible Nick Valenti. Naturalmente, no hay más remedio que aguantar, porque no se puede desafiar a Valenti. Sin embargo, Cheech, que está tan decepcionado con la presencia de Olive como el propio Shayne, decide solucionarlo a su manera... y mata a Olive. Como se ve, en el dilema entre el arte o la vida, Cheech ha elegido el arte y, en consecuencia, ha matado a Olive. Es lo mismo que pensaba Shayne, o al menos lo mismo que dijo en aquella conversación bohemia. No obstante, ahora, cuando descubre lo que ha hecho Cheech reacciona hecho una furia y corre a insultar y despreciar a Cheech, rompiendo para siempre su amistad:
>
> –¿Cómo has podido ser capaz de matar a un ser humano?
>
> –Estropeaba la obra cada vez que salía –responde Cheech, insistiendo en su elección artística.

Aunque Shayne no pueda aceptarlo, Cheech ha demostrado ser un verdadero artista, capaz de sacrificar a un ser humano en bien de la obra. Sin embargo, el protagonista, David Shayne, enfrentado al problema real en vez de al imaginario, descubre, que, como dijo aquella amiga en la charla bohemia, en realidad es un «buen hombre»: para él, el arte no está por encima de la vida. Poco después hará otro descubrimiento: tampoco es un artista.

Como se ve, en esa escena de la charla bohemia, que pocos espectadores recuerdan después de ver la película, está contenido todo lo que luego será el desenlace y, al mismo tiempo, está contenido lo que Blacker llamaba la premisa, en este caso en forma de pregunta: «¿Qué es más importante, el arte o la vida?». El espectador descubrirá al final la respuesta: para el protagonista, David Shayne la vida es más importante.

Son muchas las escenas similares en otras películas. En *Adaptation*, como expliqué en *Las paradojas del guionista* (a propósito de otro asunto) esa escena es también una conversación, en este caso entre Charlie Kaufman y la representante de la productora que le ha encargado adaptar el libro *El ladrón de orquídeas*. En este caso, Charlie Kaufman dice todo lo que no quiere hacer con su película, y todo eso que dice que no hará será... todo lo que sucederá al final. Algo, que por cierto, también define al personaje de *Balas sobre Broadway*, quien siempre proclama que no hará algo y al final siempre lo hace. El contraste entre pensamiento, palabra y acción es otro de los recursos narrativos que se examina en TÉCNICAS NARRATIVAS, pero ahora, en el próximo acto de este libro, examinaremos la estructura del relato. No esa estructura que proponen los gurús del guión o que descubren los analistas y críticos, sino la que resulta realmente útil para un guionista en su trabajo y que le ayuda a entender cómo puede manejar aún mejor al espectador.

La estructura del guionista

Un error en tres actos

En cualquier manual de guión que se precie, se propone una estructura a partir de la que construir un guión. Nash y Oakley propusieron la suya en 1978 y Field una muy parecida un año después, llevándose la fama, a la que llamó «el paradigma», y que ha dominado el cine comercial durante las últimas décadas. Esa estructura estaba compuesta por tres actos y dos puntos de giro. Tiempo después, Robert McKee propuso la suya, que aunque era más flexible y adaptable que la de Field, también tenía tres actos. Por su parte, Vogler sugirió el «viaje del héroe», en el que el protagonista recorre doce etapas... pero también en tres actos. Como se ve, aunque existen estructuras para todos los gustos y con un número variable de pasos, etapas o segmentos, siempre coinciden (o coincidían) con el paradigma de los tres actos. De las estructuras con cualquier número de actos ya hablé en *El guión del siglo 21*, pero no me ocupé entonces con detalle de una cuestión básica, que ahora me parece necesario examinar para deshacer algunas confusiones frecuentes: ¿Qué es exactamente un acto?

A primera vista, la respuesta es sencilla: un acto es una unidad dramática. ¿Qué tipo de unidad dramática? A esta nueva pregunta se puede responder al menos de dos maneras. La primera respuesta tiene en cuenta la jerarquía de los actos en la estructura y su cantidad o duración: si la menor unidad dramática audiovisual fuese, por ejemplo, un plano o un pulso de acción/reacción, entonces la siguiente unidad sería la escena, que incluye varios planos o varios pulsos; a su vez, varias escenas serían una secuencia... y varias secuencias un acto. O también, como dice Xavier Robles[*], podríamos decir que varias secuencias constituyen un bloque y que dos o tres bloques son un acto. La mayor unidad dramática sería la película, por supuesto, que estaría formada por tres actos, como dicen Field, McKee, Vogler y muchos otros.

La unanimidad acerca de los tres actos fue cuestionada cuando Kristin Thompson, tras un exhaustivo análisis, llegó a la conclusión de que las películas de Hollywood tenían en realidad cuatro actos, los mismos que tienen casi todas las series de la televisión generalista de Estados Unidos, aunque cada vez hay más series con cinco e incluso seis actos según haya más o menos cortes a publicidad:

> Olvida todo lo que has aprendido sobre las estructuras en tres actos. Hace varias décadas que las teleseries se escriben en cuatro actos, aunque en muchos programas ahora se utilizan cinco.[**]

En las series con publicidad encontramos, dice Douglas, «actos reales, no teóricos», es decir visibles, que los guionistas aprovechan para crear tensión, como hacen los dramaturgos cuando cae el telón, o como hacían los guionistas de los orígenes del cine al tener en cuenta que durante la proyección sería necesario cambiar el rollo de película varias veces y había que mantener interesado al público hasta que la película se reanudase, como decía Francis Taylor Patterson en 1920: «El rollo 1 constituye la premisa. Los rollos 2, 3 y 4 son la complicación. El rollo 5 se dedica a la solución». Tres actos, pues, o tal vez cinco (uno por rollo), quizá los mismos cinco actos que Horacio encontró en las obras griegas, y que también encontramos en las obras de Shakespeare, aunque no es seguro que fuera el propio autor quien las dividiera de ese modo, pues al parecer los actos fueron incorporados de manera explícita al teatro inglés hacia 1607, cuando se popularizaron los teatros en locales cerrados. La divi-

[*] Xavier Robles, *Géneros cinematográficos*. Centro Universitarios de Estudios Cinematográficos de la UNAM, 2011.

[**] Pamela Douglas, *Cómo escribir una serie de televisión*. Alba, 2011.

sión en actos obedeció, según se cree, a necesidades similares a las de los cortes de publicidad o los cambios de rollo en el cine: había que volver a encender las velas y candelas de tanto en tanto. Por eso, muchos expertos consideran que en la primera parte de su carrera no había actos definidos en las obras de Shakespeare, pero sí en sus últimas obras.

Cuando no tenemos actos reales o visibles marcados por una cortina, un rollo de celuloide que se acaba o un molesto anuncio, también podemos definir, aunque solo sea de manera teórica, un acto por su contenido dramático: un acto es una unidad dramática que empieza y termina de manera definida y clara, cerrando una situación dramática y casi siempre anticipando otra. Además, cumple una función clara en la estructura de la obra, ya se trate del acto del planteamiento, del acto del desarrollo (o los del desarrollo y la complicación, según Thompson), o del acto del desenlace. En este último sentido, un acto no necesitaría tener bloques, ni secuencias ni escenas, sino que podría ser tan breve como el final de *El graduado*, que a mí me gusta llamar «cuarto acto refutador» porque propone, en apenas unos segundos, una refutación entera de la película, aunque quizá sea mejor llamar a eso de otra manera, quizá «segundo final», *diabolus ex machina*, golpe de efecto refutador o cualquier otra denominación que sirva para indicar cómo en un tiempo brevísimo, que no contiene ni escenas ni secuencias, sino tan solo las miradas de los dos protagonistas, podemos condensar una trama compleja. En otros casos, sí es posible reconocer un cuarto acto refutador con toda su estructura de escenas y secuencias, por ejemplo en *Inteligencia Artificial*, de Steven Spielberg. En lo que se refiere a las series de televisión, Douglas considera que un acto es todo aquello que se encuentra entre dos publicidades, ya dure quince o dos minutos.

Ahora bien, más allá de estas definiciones, en lo que se refiere al acto teórico, narrativo, dramático, no visible o no explícito, queda por resolver el problema que más inquieta a los estudiantes y analistas del fenómeno fílmico: ¿Dónde empieza y dónde acaba cada acto? Aunque resulta un poco más fácil distinguir los actos cuando son explícitos o reales (publicidad, cortina…), hay que advertir que ni siquiera en esos casos tiene por qué existir una coincidencia precisa entre un acto dramático y un acto aparente o visible: a menudo el corte a publicidad se produce en mitad de una acción dramática, por ejemplo cuando el villano dispara su pistola; en tales casos, muchas veces no estamos ante un fin de acto o un punto de giro, pues éste se producirá realmente tras la publicidad, cuando descubramos si el tiro mata o no a nuestro héroe.

El asunto se complica cuando queremos dividir en actos las películas o las nuevas series de televisión, porque en muchos casos los actos no se perciben a simple vista y debemos recurrir a argumentos acerca de clímax, crisis, puntos de giro y otros elementos dramáticos que justifiquen el comienzo y el fin de cada acto. Por regla general, los teóricos distinguen el inicio y el fin de los actos gracias a los puntos de giro, *plot points* o *turning points,* a los clímax o a la combinación de ambas cosas, como parece hacer aquí Robert McKee:

> Una serie de secuencias constituye un acto cuyo clímax en una de sus escenas crea un cambio importante *en la vida de los personajes*, un cambio mayor que cualquiera de los provocados por ninguna de las secuencias.*

Para Field, un acto termina poco después del punto de giro o *plot point,* por lo que los actos se definen por los puntos de giro y los puntos de giro cobran su sentido por los actos. El problema es que no siempre está claro qué es un punto de giro o cuándo comienza realmente: ¿En el momento en el que un personaje percibe un problema o en el momento en el que decide solucionarlo?, ¿en el momento en el que mata a alguien o en el momento en el que decide esconder el crimen?

Los críticos de cine, los profesores y los guionistas profesionales nos pasamos las horas discutiendo acerca de la división en actos de cualquier película y nos enzarzamos en disputas interminables, pero después pedi-

* Robert McKee, *El guión. Story* (Alba, 2003).

mos a nuestros alumnos que estructuren sus obras definiendo tres actos claros. ¿No es un poco absurdo? Si tan difícil es ponerse de acuerdo acerca de los actos, y si Thompson encuentra cuatro actos donde Field solo ve tres, ¿no sería mejor recomendar a los alumnos que no le dieran demasiada importancia a los actos y se concentrasen en construir una trama coherente, dejando el análisis de los actos a quienes gusten de tales entretenimientos?

Pondré un ejemplo de lo complicado que resulta a veces dividir la estructura en actos, recurriendo de nuevo a los dos teóricos más célebres del guión, Syd Field y Robert McKee. Se trata de la película *Chinatown*, dirigida por Roman Polansky y con guión de Robert Towne, un verdadero clásico respetado por todos.

Pues bien, en opinión de Field, el segundo nudo de la trama en *Chinatown* es «el momento en el que Nicholson [el detective Gittes] encuentra las gafas en la piscina donde Mulwray fue asesinado, y sabe que pertenecen a Mulwray o al hombre que lo asesinó».

Sin embargo, para McKee el punto de giro que marca el fin de ese segundo acto (en su terminología, el «clímax del segundo acto») tiene lugar cuando Nicholson sigue a Dunaway y ella le dice que la joven Katherine es al mismo tiempo «su hija y su hermana».

Éste es un ejemplo de las divergencias que siempre encuentran y encontramos quienes intentamos dividir cualquier película en actos y puntos de giro. Naturalmente, hay excepciones en las que es facilísimo encontrar los actos dramáticos, pero son solo eso, excepciones. También es fácil encontrar actos en las películas o series en las que los guionistas y directores han decidido señalarlos de manera explícita, porque la división en actos es una herramienta, más que una obligación narrativa, que podemos emplear si lo consideramos útil, interesante o necesario, como hizo Billy Wilder en *En bandeja de plata*, donde presenta, numerados y con su título correspondiente, dieciséis actos. Pero insisto, a pesar de lo anterior, en que no siempre se deben identificar esos actos explícitos con los actos desde el punto de vista dramático: muchas veces esas divisiones visibles son solo artificios y la verdadera división y estructura dramática fluye de manera subterránea, sin que se pueda percibir a simple vista.

En definitiva, cuando no tenemos marcas visibles de fin de acto, como en *Chinatown* o en muchas películas y series sin publicidad, la búsqueda de actos no resulta sencilla: en series como *Deadwood, Los Soprano, House of Cards* o *Juego de tronos*, entre muchas otras, no hay publicidad, así que tampoco hay actos explícitos. En algunos capítulos es posible señalar de manera teórica o conceptual un único bloque, dos o más, pero otras veces se trata de una sucesión de episodios sin una apertura y cierre definidos. La conclusión es que, más allá de los actos reales o explícitos, buscar actos narrativos o conceptuales en las películas y considerar que eso es lo que hace buena o efectiva una narración, y lo que es más grave, sugerir que un guionista debe trabajar sometiéndose a esa estructura modelo, es una opinión que nace, como ya he dicho, en gran parte del error que cometieron Field y otros muchos teóricos al aplicar al cine las divisiones propias del teatro, error que señaló en su momento Eugene Vale:

> No podemos ver por qué se debe dividir en tres actos el relato de una película como se hace con una obra de teatro, aunque ésta es una idea persistente en muchos guionistas. La división en actos es una característica del teatro determinada por su forma física, en tanto que el cine, que no tiene esta característica, no requiere una división semejante.*

Más recientemente, John Truby se ha mostrado incluso más contundente: «La idea de la estructura en tres actos representa el triunfo de la más completa superficialidad por encima de cualquier tipo de contenido narrativo».

A pesar de algunas voces críticas, la división obligada en tres actos con dos puntos de giro, situados, además, en momentos concretos del guión,

* Eugene Vale, *Técnicas del guión para cine y televisión*. Gedisa, 1985.

creó problemas innecesarios a los guionistas, al recomendar, como dice Linda Aronson, «introducir clavijas cuadradas en agujeros redondos». El problema se agravó al establecer una equivalencia absoluta entre el concepto de estructura en tres actos y la idea de que todo debe tener un planteamiento, un desarrollo y un desenlace. Se trata, por supuesto, de dos cosas muy diferentes, pues, como ya mostré en *Las paradojas del guionista,* una obra puede tener planteamiento, desarrollo y desenlace en un solo acto o en diez actos, o bien puede tener uno o varios planteamientos, desarrollos y desenlaces, difíciles de señalar con precisión, y que pueden atravesar varios capítulos y desarrollarse a lo largo de varios meses, como señala Jason Mittel:

> Las series de televisión suelen cerrar las tramas, pero raramente lo hacen en el mismo episodio en el que la trama es introducida. Cuando son resueltas, suelen haber sido sustituidas por una trama que aumenta el suspense y con nuevos enigmas narrativos. El tercer acto de la resolución se convierte en un final disruptivo que da inicio a una nueva trama.*

No cabe duda de que, de una manera ligera, podemos hablar de los tres actos como si habláramos de planteamiento, desarrollo y desenlace. En el cine clásico la costumbre más extendida, décadas antes de que Syd Field proclamara su descubrimiento, era referirse a los tres actos entendidos de esa manera. Como ya expliqué en *Las paradojas del guionista*, la idea también se puede encontrar en China, Japón y otras culturas, porque es bastante sensato pensar que casi todas las cosas tienen un principio, una parte media y un final:

> Es casi inevitable que siempre exista una estructura subterránea o subyacente y que esa estructura se divida de manera bastante natural en tres partes en cuanto a su significado o función en la narración: una primera

---

* Jason Mittell, *Television and American Culture.* OUP, 2009.

> parte en la que hay que proporcionar al espectador la información necesaria para que se interese por lo que le estamos contando, una segunda parte en la que se desarrolla lo planteado y una tercera parte en la que se resuelve.*

Sin embargo, en China y Japón también existe una estructura en cuatro actos, que consiste en el planteamiento, el desarrollo, un cambio dramático sorpresivo y el desenlace o conclusión. La estructura se empleó en la poesía china y coreana y se exportó a Japón, donde fue llamada *Kishōtenketsu* y hoy en día se emplea en poesía, narrativa, ensayo, manga o cómic, e incluso en videojuegos como *Super Mario,* de la compañía Nintendo.

En los primeros manuales del cine se habla indistintamente de tres actos, tres partes o planteamiento, desarrollo y desenlace, pero eso no implica una correspondencia entre los actos aparentes, aquellos que ve el espectador, y la estructura con la que haya trabajado el guionista. Ya he mencionado el caso de la película de Billy Wilder *En bandeja de plata*, en la que se muestran al espectador de manera explícita dieciséis actos, a pesar de que lo más probable es que Wilder, como era su costumbre, concibiese su película como compuesta por tres actos, o al menos por planteamiento, desarrollo y desenlace. Pero para Wilder también era importante esconder al espectador la estructura de la película, los bloques, los actos e incluso los puntos de giro, pues: «Cuanto más sutil y elegante seas al esconder los puntos de giro, mejor guionista serás». En *Chinatown*, el guionista Robert Towne se mueve entre una trama principal de un escándalo relacionado con el agua en California y una subtrama relacionada con el incesto, cada una con su planteamiento, desarrollo y desenlace. Towne opinaba que la subtrama era sin ninguna duda más importante que la trama, al menos para el espectador y para el propio detective Gittes, pero ya hemos visto que Field señala un segundo nudo de la trama relacionado con la trama del escándalo, mientras que McKee,

* Daniel Tubau, *Las paradojas del guionista. Reglas y excepciones en la práctica del guión* (Alba, 2007).

para el mismo punto dramático, elige un acontecimiento de la subtrama de incesto. Entre esas dos tramas y la trama de la investigación misma del detective interpretado por Nicholson, podemos encontrar muchos planteamientos, desarrollos y desenlaces, algunos coincidentes en una misma escena, otros no, algunos claramente visibles, otros subterráneos y sutiles.

La estructura omnipresente

En *El guión del siglo 21* mostré que el triunfo de estructuras como el paradigma, que proponen una estructura universal, es decir un modelo definido aplicable a cualquier guión, ha hecho que la estructura se haga demasiado visible y, por tanto, previsible, algo que también advirtió Eugene Vale: «Los espectadores pronto reconocen el mismo esquema revestido de distinta manera y pierden el interés»*.

Hay que aclarar, antes de continuar, que no me cabe ninguna duda de que los guiones y las películas tienen estructura, pero, como tendremos ocasión de comprobar, casi siempre esa estructura surge a lo largo del trabajo de construcción y desarrollo del guión y no como unos cimientos previos a la escritura. Por otra parte, cualquier intérprete más o menos entrenado, es capaz de encontrar no una sino dos o más estructuras posibles en cualquier relato, dependiendo de a qué aspectos de la narración quiera prestar atención, a qué personajes, tramas o subtramas, aunque en mi opinión la verdadera estructura a analizar para un guionista debería ser la de la construcción del *relato* y su percepción por parte del espectador. El guionista Ernest Lehman** decía que él creía que sus guiones tenían estructura, aunque nunca trabajaba en ella de manera consciente, pero se mostraba muy escéptico acerca de la división en actos: algunos le decían que en *Con la muerte en los talones* había tres actos, mientras que otros encontraban muy buenas

* Daniel Tubau, *Las paradojas del guionista. Reglas y excepciones en la práctica del guión*.

** Entre sus películas se pueden citar: *Sabrina* (1954), *Chantaje en Broadway* (1954), *Con la muerte en los talones* (1959), *West Side Story* (1961), *Sonrisas y lágrimas* (1965), *¿Quién teme a Virginia Woolf?* (1966) o *Hello, Dolly!* (1969).

razones para asegurar que había diez*. A él le daba igual una u otra interpretación.

La obsesión por encontrar una estructura universal fue debida en parte al contagio de la tendencia estructuralista muy de moda en todas las ciencias durante las décadas de 1960 y 1970, y a una mala interpretación de la *Poética* de Aristóteles por expertos como Syd Field, quien, como ya hemos visto, afirmaron que la teoría aristotélica de la narración exigía una estructura en tres actos con dos puntos de giro, y que esos tres actos eran lo mismo que hablar de planteamiento, desarrollo y desenlace. Era un error semejante al que se había cometido durante el Renacimiento, cuando se aseguró que la *Poética* exigía la unidad de tiempo acción y lugar (la conocida teoría de las tres unidades). De esas interpretaciones erróneas, nacidas de una apresurada lectura de Aristóteles, he hablado en *Las paradojas del guionista* y *El guión del siglo 21* y no quiero repetir aquí lo que ya analicé con detalle en esos libros. Pero sí conviene recordar que la verdadera teoría aristotélica acerca de la estructura narrativa se les ha escapado una y otra vez entre las manos a los expertos y a los gurús del guión, a pesar de que es tan sencilla como lo siguiente: «Una obra debe ser como un organismo, en el que todas las partes contribuyen a un mismo fin». Aristóteles lo dice con claridad en un pasaje de la *Poética*, precisamente el mismo en el que habla de dividir la obra en tres partes (en otros pasajes habla de dos, cuatro, cinco o más partes). Tal vez esa coincidencia explique la curiosa ceguera de quienes han citado una y otra vez el párrafo para resaltar lo menos importante y obviar lo fundamental. Para verlo con claridad, podríamos decir que así es como habría subrayado Field su ejemplar de la *Poética:*

> Se han de componer las fábulas como las representaciones dramáticas en las tragedias, dirigiéndose a **una acción total y perfecta que tenga principio, medio y fin**, para que, al modo de un viviente sin mengua ni sobra, deleite con su natural belleza.

---

* Kristin Thompson, *Storytelling in the New Hollywood*. Harvard, 1999.

Y así es como lo habría subrayado el propio Aristóteles:

> Se han de componer las fábulas como las representaciones dramáticas en las tragedias, dirigiéndose a **una acción total y perfecta que tenga principio, medio y fin, para que, al modo de un viviente sin mengua ni sobra, deleite con su natural belleza**.

Cuando tenemos presente esta idea de que la obra es como un organismo, nos resulta también posible considerar las relaciones entre las partes no ya como las que existen en una estructura más o menos dogmática, sino como las de un sistema de conexiones y enlaces que se adapta y modifica en función de lo que deseamos obtener, pero en cuya revisión debemos poner el cuidado necesario para que no suceda como en algunas series de televisión de multitrama, en las que puedes quitar una o dos tramas sin que el organismo se resienta.

En definitiva, para Aristóteles da igual que una obra tenga dos, tres, cinco o las innumerables partes o actos de las estructuras episódicas de la épica, como la *Ilíada:* lo importante es que las partes de ese artificio, formando una unidad u organismo, contribuyan a alcanzar el objetivo buscado. Ésta es, en mi opinión, la verdadera teoría aristotélica acerca de la estructura, que me parece mucho más interesante que la que propone actos o unidades fijas. Eso no quiere decir que debamos seguir esta nueva teoría aristotélica sin rechistar, porque eso sería sustituir un dogma por otro, pero es una manera de plantearnos la estructura mucho menos limitante que la de los tres actos.

La estructura como fórmula frente a la estructura sobrevenida

Eugene Vale en su libro *Técnicas del guión para cine y televisión*, publicado por primera vez en 1944 pero reeditado durante décadas, incluso en los años en los que empezaba a imponerse el paradigma de Field como una formula universal, decía que el guionista debía crear estructura, pero no de una manera forzada y artificiosa:

> En ningún caso se debe confundir esta estructura con lo que comúnmente se conoce como la «fórmula». Las leyes de la construcción dramática se aplican a cualquier acción o combinación de acciones, mientras que la fórmula es un sistema completo que nunca cambia.

En opinión de Vale, la fórmula es «la muerte de la creación» y es propia de escritores débiles, que no son capaces de profundizar en las leyes dramáticas y por eso recurren a «esquemas ya probados».

La estructura ausente, o si se prefiere sobrevenida, es decir la intención de no someternos a una fórmula, modelo o paradigma estructural, no impide que, debido a la naturaleza misma de la narración, surja una estructura. Lo mejor, en definitiva, quizá sea descubrir la estructura a medida que avanzamos en la creación de nuestro relato y en la escritura del guión, en vez de intentar desde un principio encajar cualquier relato en los límites dogmáticos de una estructura en tres o cuatro actos.

Mathew Weiner, uno de los principales guionistas de *Los Soprano* y creador y *showrunner* de *Mad Men,* se muestra contrario a tomar como ejemplo estructural *Chinatown* o cualquier otra gran película, porque en su opinión «las grandes obras no derivan de la estructura, sino al contrario». En la segunda parte de este libro (TÉCNICAS NARRATIVAS) veremos que existen muchos artificios, herramientas y mecanismos narrativos, que a veces surgen de manera espontánea, sin que el escritor sepa que los está empleando, aunque otras veces nacen de la lógica misma del relato. Esos recursos narrativos no solo sirven para dirigir la atención del espectador, sino que también tienen otra importante característica: casi todos ellos crean estructura. Cuando un guionista emplea uno de estos recursos, al mismo tiempo está creando puntos fuertes, momentos especiales que acaban por convertirse en la verdadera estructura del relato. Es una buena muestra de que la estructura muchas veces no es anterior a las intenciones narrativas del autor y a lo que quiere contar, sino que surge en paralelo a su trabajo y a la construcción de su relato.

Los actos bajo la mirada del espectador

> El tercer acto de *El mago de Oz* ¿empieza cuando el Mago envía a Dorothy tras la malvada Bruja del Oeste? ¿O cuando Dorothy regresa a su casa en Kansas? ¿O cuando el Mago resulta ser un fraude? ¿A quién le importa dónde comienza el tercer acto?*.
>
> ALEX EPSTEIN

Páginas atrás analicé la definición de «acto», distinguiendo entre los actos reales o explícitos, que pueden percibirse de manera clara por la caída del telón o los cortes a publicidad, y los actos narrativos o implícitos, que resultan mucho más difíciles de señalar y definir. También examiné el que considero el mayor problema del estructuralismo de los teóricos, es decir, el hecho de centrar la estructura en los personajes (o en la trama) en vez de en el espectador. Ahora es un buen momento para mostrar de manera muy efectiva los problemas derivados de la confluencia de esos dos errores. Lo haré recurriendo a uno de mis ejemplos favoritos, que ya mencioné en *Las paradojas del guionista*, aunque allí lo hice solo en relación con el orden del relato. Se trata de la obra de teatro de J. B. Prietsley *El tiempo y los Conway.*

En *El tiempo y los Conway*, el primer acto, que es real o explícito gracias al telón, comienza en una fiesta familiar en una casa en Londres; el segundo acto tiene lugar en esa misma casa, en una fiesta similar pero la acción transcurre veinte años después; en cuanto al tercer acto, la acción continúa donde quedó en el primero, en aquella fiesta de veinte años antes. Pues bien, si analizamos la estructura en función de la trama o los personajes, es decir, en función de lo que les sucede a ellos en su mundo particular, tendríamos que decir que el primer acto transcurre en una fiesta en Londres y que el segundo acto es la continuación de esa misma fiesta.

---

* Alex Epstein, *Crafty Screenwriting: Writing Movies That Get Made*. Holt Paperbacks, 2002.

ESTRUCTURA DESDE EL PUNTO DE VISTA DE LA HISTORIA (CRONOLÓGICO)

Cumpleaños de Kay en 1919 (1ª parte)	Cumpleaños de Kay en 1919 (2ª parte)	Cumpleaños de Kay en 1937

Aunque dejemos caer el telón entre las dos partes de esa celebración en 1919, no habría actos dramáticos propiamente dichos, sino que se trataría de un mismo y largo acto, que quizá tampoco tendría demasiado interés, porque veríamos a los personajes hablando de cosas intrascendentes en una fiesta. A continuación de ese único acto narrativo vendría el tercer acto: los mismos personajes y la misma casa en una fiesta similar, pero dieciocho años después. El resultado sería una obra de contenido trágico, pero de un interés discutible: demasiado larga en su planteamiento y desarrollo, con una primera fiesta que podría hacerse interminable, y después un tercer acto de contenido quizá demasiado obvio por la explicitud de su tragedia.

Todo cambia si examinamos la estructura de *El tiempo y los Conway* no desde el punto de vista de los personajes o la sucesión de acontecimientos en la trama, sino desde el punto de vista del espectador.

ESTRUCTURA DESDE EL PUNTO DE VISTA DEL RELATO Y DEL ESPECTADOR

Cumpleaños de Kay en 1919 (1ª parte)	Cumpleaños de Kay en 1919 (2ª parte)	Cumpleaños de Kay en 1937

En este caso, sí tenemos tres actos dramáticos claros, además de tres actos explícitos o aparentes, pero esos actos dramáticos existen en la percepción, en la mente y en las emociones del espectador. Lo que antes era un primer acto narrativo quizá muy largo dividido en dos actos aparentes, ahora se ha convertido en dos actos muy diferenciados: el del planteamiento o primer acto explícito, cuando todos creemos estar viendo a una familia feliz, y el del desenlace o tercer acto explícito, cuando todos sabemos que esta familia feliz va camino a la desgracia y a la fatalidad, ya que hemos visto el acto de la fiesta dieciocho años después. Como se puede observar, en la estructura de los personajes nada o casi nada cambia en la larga fiesta que ocupa los actos uno y tres: ellos no saben que sus palabras están cargadas de ironía dramática: todo el doble sentido y toda la sensación de fatalidad que convierte a *El tiempo y los Conway* en una obra maestra le sucede al espectador.

Por si todo lo dicho hasta ahora acerca de la división en tres actos en función del protagonista o la trama no hubiera sido bastante, existe una gran paradoja en todo esto: la contradicción entre la noción de estructura en actos y el hecho de analizar la estructura en función del personaje: *en la mayoría de las ocasiones, la estructura en actos* únicamente *existe para el espectador*. Lo que para nosotros, como guionistas, novelistas o dramaturgos y lo que también para los espectadores y analistas es un acto, para los personajes muchas veces no es nada, ni siquiera existe. Aunque en ocasiones el acto para el espectador coincide con algo que en la trama de un personaje podría considerarse un acto, por ejemplo, la muerte de su amada, en la mayoría de las ocasiones la estructura dividida en actos solo tiene sentido orientada y construida para el espectador. ¿Por qué entonces analizarla en función de lo que le sucede al personaje?

Una estructura con cimientos débiles

Quizá vale la pena resumir los aspectos fundamentales tratados hasta ahora en la dicotomía entre una estructura universal o previa (es decir, en tres actos y dos puntos de giro, por ejemplo) y además orientada al personaje, frente a la estructura sobrevenida (o adaptada a cada relato) y además orientada al espectador. También incluiré en esta breve enumeración, algunas objeciones que no he presentado en este libro (para no repetir lo que ya dije en otros libros, artículos o ensayos).

1. Las teorías estructurales que obligan al guionista a construir su relato en tres actos no encuentran una justificación en Aristóteles. Aristóteles en este asunto (como en casi todos) era más bien funcionalista que formalista. Frente a la metáfora de la mesa de Field, según la cual un guión es como una mesa, que puede tener muchas formas, colores y texturas pero siempre es «una superficie con cuatro patas», Aristóteles diría que un guión es algo que sirve para hacer una película (o para provocar una catarsis en el espectador), tenga o no tres actos con dos puntos de giro.*

2. Las teorías que encuentran los tres actos en el cine tampoco se pueden justificar por un estudio estadístico de los guiones de Hollywood: Kristin Thompson examinó decenas de películas y llegó a la conclusión de que, más que tres actos, había cuatro actos (en el cine comercial) o bloques narrativos de veinte o treinta minutos.

3. En definitiva, no existe ninguna obligación de que existan actos en una película o en una serie de televisión sin publicidad, a no ser que el autor haya querido establecerlos de manera explícita.

4. Tampoco coinciden, al menos no siempre, los actos o bloques explícitos o visibles con los actos o bloques dramáticos.

5. Recomendar a los guionistas construir su relato en tres, cuatro o cualquier número de actos o secciones es obligarlos a ajustarse a una plantilla previa que en muchas ocasiones no será la más adecuada para aquello que quieren contar.

6. Si además de los actos, los guionistas tienen que situar puntos de giro más o menos significativos en minutos concretos de la película o páginas del guión, el problema se agrava y se convierte en eso que Aronson llama encajar clavos cuadrados en agujeros redondos.

7. En la mayoría de las ocasiones, además, no tiene ningún sentido construir teorías para escribir guiones a partir del análisis de la estructura de una película, porque entre la escritura del guión y la película definitiva

---

* En *Las paradojas del guionista* analizo con detalle la diferencia entre el formalismo y el funcionalismo (o el teleologismo) de Field y Aristóteles, y la célebre, pero torpe, metáfora de la mesa.

se producen tantos cambios que no existe ninguna correspondencia páginas/minutos que resulte medianamente válida. Casi todos los brillantes análisis de los teóricos no se establecen examinando los guiones originales, sino las transcripciones de las películas. Aunque en ocasiones la deducción inversa puede dar resultado, en general a partir del examen de un objeto (en este caso una película o un guión impreso) no se puede deducir hasta el último detalle cómo se ha creado, y menos cuando se trata de un proceso creativo.*

8. En relación con el punto anterior, hay que recordar que en casi todas las películas, se toman decisiones en el rodaje, montaje e incluso en los *screening test* y preestrenos, que cambian por completo la estructura previa, no porque se preocupen por las supuestas descompensaciones en la estructura del protagonista, sino porque se preocupan de si el público se aburría o no en las partes eliminadas, o si una escena le resultaba confusa o incomprensible. El proceso de convertir el guión en película transforma inevitablemente el guión.

9. La estructura en tres actos reparadora (es decir, con un final feliz o al menos redentor) se ha hecho tan omnipresente en el cine de Hollywood que se ha convertido, como expliqué en *El guión del siglo 21*, en un elemento narrativo más que se superpone a la narración y hace el cine en exceso previsible: los espectadores no saben qué va a pasar exactamente, pero sí perciben de manera intuitiva en qué momento de la estructura se encuentran. Por culpa de la estructura férrea o universal, ese armazón demasiado visible y previsible, el montaje trasparente del cine clásico de Hollywood ha perdido su invisibilidad.**

10. Por último, pero no menos importante, se ha producido un equívoco que ha complicado el trabajo de los aspirantes a guionistas, que se ven obligados a descifrar estructuras, encontrar actos, puntos de giro de final de acto y significados de todo tipo, de una manera que les convierte

* En *No tan elemental. Cómo ser Sherlock Holmes* (Ariel, 2015), cuento algunas hazañas de la deducción inversa.

** En *El guión del siglo 21* examiné la previsibilidad de la estructura reparadora y las críticas y alternativas a este modelo.

en críticos literarios o cinematográficos en vez de en artesanos o artistas del guión. Esa obsesión distorsiona su trabajo, que se centra más en el análisis de la estructura que en la verdadera y efectiva construcción y escritura de un guión.

Éstas son algunas de las observaciones que se pueden hacer a aquellas teorías estructurales que sugieren a los guionistas que trabajen con actos definidos y decididos de antemano, y que corrijan la estructura en función del personaje o la trama. Ahora ha llegado el momento de ver cómo trabajan realmente los guionistas y cómo construyen sus estructuras.

El esquema de pasos

El viaje del guionista desde la idea al guión

Lo primero que tiene que hacer un guionista o un escritor es entender qué es lo que quiere escribir. Cuando nos disponemos a escribir un nuevo guión podemos dejar pasar semanas, meses o incluso años hasta que nos decidimos. Probablemente es cierto que tenemos una historia que contar, porque todo el mundo tiene una historia que contar, o incluso siete, como pensaba Truffaut. Esas siete historias están ahí, casi sin que pensemos en ellas. Pero ¿dónde están exactamente?

La verdad es que no están en ninguna parte. Creemos que esa historia existe, pero lo único que existe es nuestra vaga sensación de que tenemos algo que contar. Hasta que no empezamos a escribir, nos parece que la historia está revoloteando por algún lugar de nuestro cerebro y que solo tenemos que cogerla: lo haremos algún día, cuando tengamos tiempo o ganas. La realidad es que, cuando por fin nos decidimos a escribirla, descubrimos que solo era una masa informe a la que, como sucede con todas las masas informes, hay que dar forma. Solo al escribirla descubrimos que no estaba todo tan claro como creíamos.

En nuestra imaginación las cosas siempre suelen estar claras. En la realidad del trabajo práctico no sucede lo mismo. Al principio nos limitamos a pensar en esa historia, a ser sacudidos por ciertas imágenes mentales, a imaginar líneas de diálogo sueltas, pero cuando intentamos convertir esa historia imaginada en realidad escrita, descubrimos que resulta mucho más difícil de lo que creíamos: no es como tomar al dictado lo que nos dice nuestro yo interior, porque lo imaginado no desciende con tanta facilidad al papel. Por eso, la primera reacción, después de emborronar unas cuantas páginas, suele consistir en dejar que la historia repose un poco más: «Ya la escribiré cuando la tenga más clara». El problema es que la única manera de que esa historia se aclare es escribir y volver a escribir, corregir una y otra vez y revisar sin descanso lo que hemos hecho.*

Vamos a ponernos ahora en la situación de alguien que no solo ha imaginado lo que quiere contar, sino que ya lo ha escrito. Por ejemplo, un guión de ciento veinte páginas. Se supone que en tal situación ya ha entendido aquello que quería contar. Nada más lejos de la realidad: salvo algunas excepciones, es casi imposible escribir a la primera un buen guión. Si tú, lector, eres capaz de hacerlo, quizá no necesitas leer este libro. Yo también he escrito muchas veces cuentos o *sketches* de una tirada, pero no una novela ni un guión de cierta extensión. En una ocasión escribí cinco cuentos en una noche; eso sí, todos muy breves y todos muy malos.

Dejando aparte ocasionales excepciones, cualquier guión, cuento, novela o *sketch* debe ser revisado después de su primera escritura. Es entonces cuando se suele descubrir que el guión está mal escrito. A menudo, también se descubre que resulta incomprensible, no solo para los demás, sino para nosotros mismos. Nos vemos, en consecuencia, obligados a corregirlo: si esta escena resulta aburrida, le ponemos un poco más de acción, si aquélla solo tiene acción, le añadimos algo de humor, cambiamos aquí un escenario y allá una línea de diálogo que parece poco natural. Podemos pasarnos días o meses poniendo parches aquí y allá, pero el guión no mejora, incluso parece que va empeorando cada vez más. La conclusión es que estamos en una situación semejante a la de aquel guionista que no había escrito todavía el guión: no acabamos de entender nuestra propia historia. Lo que tenemos que hacer, claro, es comenzar a entender nuestra historia.

Pasos, pulsos, golpes… unidades narrativas

A lo largo de este libro, he hablado de manera ligera y poco precisa de

* En *La musa en el laboratorio, el descubrimiento de la creatividad* describo técnicas creativas para superar bloqueos y el miedo a la página en blanco, así como métodos de trabajo efectivos para escritores y guionistas.

beats, pasos, etapas, golpes y otros términos, empleándolos a veces como sinónimos. Sin embargo, en una obra dramática podemos encontrar muy diferentes unidades narrativas, según miremos con más o menos detalle, de manera más amplia o más concreta, desde la estructura de la película hasta la de una escena.

El lector sin duda conocerá las estructuras fractales: miras en Google Maps un fragmento de la costa, lo amplías y descubres una estructura similar, lo amplías y encuentras otra estructura similar, lo amplías y sigues encontrando más y más estructuras similares, hasta llegar a una superficie diminuta pero que, ampliada resulta ser semejante a aquella que ocupaba cientos o miles de kilómetros.

El triángulo de Sierpinski es un fractal en forma de triángulo que contiene sucesivos triángulos semejantes, que a su vez contienen más triángulos semejantes.

Piense el lector en una película o en una serie de televisión como algo parecido a un fractal. Puede dividir su relato en tres, cuatro o cinco bloques básicos. Cada acto podría ser un gran paso en ese esquema que es el *paradigma* de Field.

Bien. Es un comienzo. Pero ahora amplíe cada uno de los actos. Así llegará, por ejemplo, a distinguir dos o más bloques narrativos en cada acto. Si ahora amplía uno de esos bloques, encontrará que cada uno está compuesto por una sucesión de escenas; digamos, ocho escenas en el primer bloque (quizá en la llamada *exposición)* y siete en el segundo, hasta tener un total de quince escenas en la primera parte, planteamiento o primer acto, como prefiera llamarlo.

Ahora divida cada escena en momentos clave. Puede tratarse de acciones de los personajes o de acontecimientos de la trama.

Amplíe ahora un poco más y podrá ver que cada uno de esos momentos clave está compuesto de partes más pequeñas, por ejemplo, los golpes o *beats* de los diálogos o acciones de los personajes. Robert McKee, al analizar una escena de *Casablanca* en la que intervienen Humphrey Bogart e Ingrid Bergman, encuentra en ella diez acciones, y dentro de cada acción encuentra dos golpes o *beats*, que también podemos llamar acción y reacción, ataque y respuesta, o réplica y contrarréplica.

El director y el realizador también podrían ampliar cada una de esas líneas para decidir cómo mostrar cada acción y cada reacción, plano a plano. Finalmente, el montador todavía podría ampliar un poco más y distinguir golpes narrativos en el entrecejo de un actor, en su parpadeo o en el movimiento de sus manos.

Lo importante es darse cuenta de que una historia o un relato se puede ir dividiendo en unidades dramáticas cada vez más detalladas.

Piense ahora el lector en la estructura conocida como el viaje del héroe, basada en las teorías de la mitología y la fábula propuestas por Joseph Campbell, Otto Rank o Vladimir Propp y popularizadas por George Lucas en *Star Wars* y Christopher Vogler en *El viaje del escritor*. Tenemos doce pasos, doce etapas del personaje. Pues bien, cada uno de esos pasos se subdivide en varios pasos; por ejemplo, la etapa en la que el héroe se muestra reticente a la aventura en *Star Wars* se compone al menos de cuatro pasos: ve el holograma de la princesa Leia pidiendo ayuda, los moradores del desierto atacan a Luke, que es rescatado por el anciano Obi Wan Kenobi que le habla de su padre, del Imperio y de la República; las tropas imperiales matan a los tíos de Luke, lo que empuja por fin al muchacho a lanzarse a la aventura. Esa misma etapa del viaje del héroe se puede encontrar en la película de Billy Wilder *En bandeja de plata,* cuando el cuñado desalmado (Walter Mathau) intenta convencer a Jack Lemmon para que finja una enfermedad y, de este modo, cobrar un suculento seguro; Lemmon se niega porque es un hombre honrado, pero esa resistencia es atacada por el cuñado al menos en cinco pasos narrativos:

1. Si engañamos a los del seguro serás rico.
2. No pasa nada por engañar a los del seguro: es un dinero que tienen a fondo perdido. No se lo estás robando a nadie.
3. Todos tus problemas se arreglarían.
4. (Tras una llamada de la exmujer.) Quizá tu exmujer volvería contigo.
5. La entrada inesperada del médico, finalmente, será la causa efectiva que haga que Lemmon se decida: «Es ahora o nunca».

En las últimas décadas, los teóricos del guión han dado mucha importancia a estructuras muy generales, como el paradigma de Field o el viaje del héroe, pero cuando los guionistas se ponen a trabajar necesitan algo un poco más detallado, no los superpasos o grandes pasos narrativos que definen una estructura en tres actos con dos puntos de giro, sino un esquema de pasos que incluya los momentos fundamentales de la trama.

Lo importante es entender que dependiendo de en qué estemos trabajando tendremos que recurrir a unidades dramáticas o narrativas mayores o menores. Algunos guionistas, muchos teóricos y casi todos los alumnos de guión se preocupan en exceso por distinguir entre conceptos como *beats*, pulsos, etapas o pasos, o bien entre términos como premisa, tema, moraleja, intención, o bien entre incidente incitador, detonante, catalizador, *plot point, turning point*, clímax o crisis. En mi opinión, la obsesión por las definiciones no suele llevar a ninguna parte y a menudo solo añade confusión, pero no puedo negar que yo mismo soy aficionado a perder el tiempo elaborando clasificaciones de este tipo, así que intentaré iluminar algo el confuso y siempre cambiante panorama de las definiciones narrativas. A continuación, ofrezco un esquema apresurado de la fragmentación o fractalidad narrativa y de las unidades o segmentos dramáticos con los que puede trabajar un guionista:

Historia	Etapas, pasos, planteamiento/desarrollo/desenlace
Película/episodio (*relato*)	Etapas, pasos, planteamiento/desarrollo/desenlace
Actos/partes	Planteamiento o desarrollo o desenlace, pasos
Partes/bloques/secciones	Pasos
Secuencias	Pasos
Escenas	Pulsos, golpes, *beats*, pasos
Planos/diálogos/acciones	Golpes, *beats*, acciones, acción/reacción, pasos

Como puede observarse, la palabra «paso» tiene una flexibilidad de uso muy amplia, pues puede emplearse tanto para describir grandes unidades narrativas como para las más pequeñas, aunque su uso más extendido se aplica al esquema de la película o al episodio de la serie o de una secuencia narrativa. Sin embargo, para analizar una escena se suele preferir pulsos o *beats*.

Cómo caminar paso a paso

Tanto si queremos trabajar en un nuevo guión como si lo que pretendemos es revisar uno que ya hemos escrito, el método más sencillo y elemental es reducir ese guión a un esquema. Cuando hablo de un esquema no me estoy refiriendo a las diversas teorías acerca de estructuras de guión que se dividen en tres, cuatro o más actos, con puntos de giro, *plot points*, *turning points*, clímax, crisis y todo lo demás. Intentar adaptar un guión a ese tipo de divisiones y fórmulas puede ser útil en ciertas situaciones, por ejemplo para reflexionar acerca del equilibrio de nuestro guión una vez terminado, pero como herramienta de trabajo son el camino más directo al desastre. Si usted trabaja en una serie de televisión generalista, ya le dirán cuántos actos tiene que tener la historia (uno más que los cortes a publicidad); si trabaja en una película y le piden una estructura determinada, ya verá después cómo se las puede arreglar para dividir su guión en tres o cuatro partes reales o imaginarias. Por ahora solo tiene que pensar en cómo trabajar en su guión, no en cómo venderlo ni en cómo hacer que se parezca a los guiones profesionales, o a los que piden los supuestos profesionales o los gurús del medio.

El método que voy a contar para trabajar con un guión se ha empleado siempre, por lo que es un misterio por qué apenas se menciona en algunos de los manuales de guión más famosos. Cuando lo explico en mis cursos, muchos alumnos se sorprenden al descubrirlo, pero a mí me sorprende que ellos se sorprendan: han aprendido un montón de teorías estructurales pero no la más importante. Han aprendido a analizar estructuras o aplicar plantillas previamente definidas, pero no a construirlas.

La técnica más útil (y la más sencilla) consiste, como ya he dicho, en hacer un esquema de lo que queremos contar. Convertirlo en una sucesión de pasos o situaciones. Algunos llaman a eso *esquema*, *escaleta* o estructura de «pasos» «golpes», «situaciones», «puntos clave», «pulsos», *«beats»*, *«steps»*, e incluso *«plot points»* o nudos de la trama. Aunque, como ya he dicho, algunos profesores y muchos estudiantes están obsesionados por las definiciones precisas, a mí no me importa mucho el nombre que se emplee, aunque por lo general me referiré a pasos o etapas, porque es bueno considerar que se trata de pasos o etapas sucesivas de un camino o de un proceso, y al emplear «pasos» podemos distinguir estas unidades narrativas de esas otras más pequeñas que suelen ser conocidas como «golpes» o «pulsos», por ejemplo, los golpes dentro de una escena.

En inglés se suele llamar *«step outline»* a un esquema compuesto por entre 40 y 60 pasos, que cuenta los momentos más importantes de la trama, mientras que se emplea *«beat sheet»* para referirse a un esquema más detallado, en el que a veces se avanza escena tras escena, incluso con el encabezamiento de cada escena (INT. CASA DE MANOLO –DÍA).

Quizá sea ilustrativo, en relación con las discusiones terminológicas, recordar la curiosa historia de la adopción de la palabra *«beats»* («golpes», «latidos», «pulsos de un compás») para referirse a los pasos o pulsos narrativos de una escena. La expresión *beat* para referirse a unidades narrativas procede de un equívoco. El gran director de teatro y teórico Konstantín Stanislavski cuando descomponía una obra dramática en sus componentes o partes, empleaba la palabra rusa *kouski,* con un sentido equivalente a pedazos, partes o piezas. Stanislavski, según el aspecto en el que estaba centrando su atención, distinguía entre unidades largas (*bolshiye kouski*), medianas (*sredniye kouski*) y pequeñas (*malyenkiye kouski*). En la traducción de los libros de Stanislavski al inglés, Elizabeth Hapgood tradujo las piezas largas como *units* (unidades) y las pequeñas como *bits* (piezas, pedazos). Sin embargo, los profesores rusos del método Stanislavski en Estados Unidos no pronunciaban *bit («bith»)* sino *«beet»*, con un sonido semejante a *beat*, por lo que los alumnos pensaban que se referían a las unidades dramáticas pequeñas similares a los *beats* o pulsos de un compás musical. El equívoco se extendió y hoy en día, en el teatro y también al analizar la estructura de una escena de cine o televisión, se emplea la palabra *beat*/pulso en vez de *bit*/pedazo.*

¿Qué son los pasos?

Los pasos o etapas son simples y sencillas descripciones de las cosas que pasan en una historia.** No de todas las cosas, por supuesto sino tan solo de las cosas que tienen que pasar para que lo que se cuenta tenga sentido.

Intentaré explicarlo mediante un ejemplo. ¿Ha visto el lector la película *Balas sobre Broadway*, de Woody Allen? Si no la ha visto, le reco-

---

* Ver James Thomas, *Script analysis for actors, directors and designers*. Focal Press, 2013.

** A partir de aquí, emplearé de manera indistinta los términos «historia» y «relato» al referirme a lo que se va a contar o se cuenta en el guión, aunque ya hemos visto que de manera estricta no es lo mismo la *historia* que el *relato*. Pero la palabra «historia» está tan extendida para referirse al relato, que suena un poco artificial usar relato para referirse a esa selección y ordenamiento de la historia que es el relato. En los casos en los que quiera distinguir entre *historia* y *relato* de manera clara o pueda producirse cierta confusión, emplearé la cursiva.

miendo que lo haga y que, además la compre o la alquile en el videoclub, o que la baje de Internet o la vea online. También puede, por supuesto, buscar el guión o la transcripción de la película, editada en España por la editorial Tusquets. *Balas sobre Broadway,* guión escrito por Woody Allen y Douglas McGrath y nominado al Óscar, es un magnífico ejemplo de estructura precisa, de construcción secuencial en la que una escena nos lleva a la siguiente de manera natural. Como *Balas sobre Broadway* ya ha sido rodada y estrenada, en este caso estamos más ante un análisis que ante un trabajo de escritura a partir de una nueva idea inicial, pero elegir una película es la única manera que nos permite ponernos de acuerdo a usted, lector, y a mí, acerca de qué estoy hablando. Imagine que la película no está hecha y que estamos examinando un proyecto que se llama *Balas sobre Broadway.*

Pues bien, si quisiéramos reducir el comienzo de *Balas sobre Broadway* a un esquema de pasos, podríamos obtener el siguiente resultado:

1. Estamos en Broadway, el mundo del teatro.
2. David Shayne (dramaturgo): «Soy un artista y yo dirigiré mi obra».
3. Guerra de bandas: Cheech y sus mafiosos matan a hombres de Kustabeck.
4. Informan al jefe mafioso (Nick Valenti) de que se ha cumplido el trabajo.
5. Valenti promete a su amiguita Olive que hará de ella una artista.
6. Dilema que se plantea a Shayne: «¿Qué harías si tuvieras que elegir en un incendio entre salvar el último ejemplar de las obras de Shakespeare o al portero de la biblioteca?». (Es el dilema del arte o la vida.) Shayne responde «Elijo el arte».
7. Otro dilema que se plantea a Shayne: «¿Es más importante ser un buen hombre o ser un buen artista?».
8. Marx, productor de Shayne: «Tenemos un socio capitalista».
9. Marx: «El productor es el gánster Valenti y quiere a su novia Olive en la obra».

10. Marx: «Tal vez podamos contar con la gran diva Helen Sinclair».
11. La banda rival (Kustabeck) toma represalias contra hombres de Valenti.
12. David conoce a Nick Valenti: gánster temible.
13. David y Marx conocen a Olive: tonta y vulgar.
14. David se niega a aceptar a Olive.
15. David acepta a Olive para tener el dinero de Valenti: David: «¡Soy una puta!».
16. A cambio, David tendrá a Henry Purcell y Helen Sinclair en su obra.
17. Valenti a Cheech: «Serás el guardaespaldas de Olive en los ensayos».

Podemos detenernos aquí. Éstos son los diecisiete primeros pasos de *Balas sobre Broadway*. Se trata de una sencilla descripción de las situaciones que hacen que la historia tenga sentido, o si se prefiere, de la sucesión de causas y efectos que conforman la trama o argumento. Al leer estos pasos, incluso alguien que no haya visto la película entenderá más o menos de qué va la historia, y lo que es más importante, incluso aunque la película no exista, podremos entender la trama.

En pocas palabras: se tenga o no escrito ya el guión, se conozca mejor o peor el *relato* que se quiere contar, llegará un momento en el que lo más útil será convertirlo en una enumeración de pasos. La cosa es tan sencilla como parece a primera vista: no hay por qué pensar en crisis, puntos de giro o cosas similares, pues todo eso irá apareciendo de manera natural si nos concentramos en resumir la historia en pasos. Se podrían citar muchos ejemplos de la utilidad del esquema de pasos antes, durante y en la fase final de la escritura de un guión, como el del director y guionista Greg Marcks: «Cuando me propongo escribir un guión, primero intento escribir la historia en prosa, sin diálogo, con cada escena representada por una frase o un párrafo. Entonces lo leo y reviso esa historia condensada, quitando lo que no es necesario».* El método también lo emplearon los guionistas de una de las películas más citadas en los manuales de guión, *Chinatown*, de Roman Polansky, con guión de Robert Towne y el propio Polansky, en este caso cuando ya habían escrito una primera versión del guión. A pesar de que autores como Field o McKee se refieren a menudo a *Chinatown* para ejemplificar la estructura en tres actos, Towne confiesa que no pensó en esas grandes unidades dramáticas al escribirlo, sino más bien en esquemas de pasos, en momentos narrativos que tenía que situar en su relato. Y lo que resulta especialmente significativo es que, tras dos versiones del guión, no lograban ponerse de acuerdo en la estructura del guión que tenía más de 140 páginas, y por tanto era inmanejable, como lo es cualquier guión, así que decidieron emplear otro método: un esquema de pasos. Cogieron el guión y escribieron una descripción en una frase de cada una de las escenas que tenían y después las recortaron, haciendo pequeñas tiras: «Entonces las pegamos en la puerta de la habitación en la que estábamos trabajando y empezamos a mover esas pequeñas tiras de papel arriba y abajo, reajustando la estructura, para ver dónde había agujeros o añadiendo nuevas escenas».

Como veremos en los siguientes apartados, ésa es también la manera en la que se trabaja en las series de televisión y la manera más efectiva de enfrentarse a la estructura de un relato: no pensando en grandes unidades dramáticas como los actos, porque al fin y al cabo, incluso en el caso de que haya actos definidos y que sepamos dónde empiezan y terminan, eso representa en el mejor de los casos tan solo un pequeño avance en el trabajo de un guionista para entender su guión y poder escribirlo o reescribirlo.

Cómo trabajar con red

Creo que me di cuenta de la importancia del esquema de pasos cuando hace muchos años dirigí junto a Emilio Aragón «Miliki» la serie

* Citado por Jeffrey Michael Bays en *Between the Scenes,* Michael Wiese Productions, 2014.

infantil *Trilocos*. Durante la primera temporada contábamos con cinco guionistas que trabajaban de manera externa. Proponían una idea y, si era aprobada, escribían el guión. La propuesta podía ser algo tan sencillo como un planteamiento-desarrollo-desenlace sin más. Sin embargo, pronto me di cuenta de que aquello complicaba mucho el trabajo, porque no había ninguna garantía de que algo tan breve como aquellas sinopsis tuvieran como resultado un buen guión, así que comencé a pedir a los guionistas que, antes de comenzar a escribir cualquier guión, me enviaran no ya algo parecido a una estructura de tres actos con dos puntos de giro, sino un esquema más detallado, con quince o veinte pasos, contando los momentos fundamentales de la trama. Quince o veinte pasos, por ejemplo, teniendo en cuenta que las aventuras duraban entre doce y catorce minutos, pero si su trama precisaba de más pasos no había ningún problema. Muchas veces yo mismo corregía o reescribía los pasos y se los reenviaba al guionista, o incluso elaboraba el esquema cuando un guionista me lo pedía (porque a él no se le ocurría qué contar). En cualquier caso, gracias al esquema de pasos tenía la certeza de que recibiría un guión que, o bien valdría por sí mismo, o bien podría ser reescrito con cierta facilidad. Como es sabido, una de las funciones del *showrunner* o creador de una serie, y también de directores coguionistas, como Alfred Hitchcock, es revisar y reescribir los guiones, a veces casi de principio a fin, otras veces afinando detalles relacionados con la coherencia, aunque lo habitual es que al final solo firme el guionista del episodio (una excepción es Mathew Weiner que decidió que también firmaría el guión siempre y cuando su reescritura fuese más del 60 por ciento del guión). Cuando se trabaja a partir de un esquema de pasos o de un mapa de tramas elaborado a partir de la escaleta o la pizarra de episodio (métodos profesionales que describiré más adelante) todo es más fácil y el proceso avanza con seguridad. Sin embargo, si el guión se escribe sin antes haberse puesto de acuerdo en un esquema de pasos previo, el trabajo se duplica y casi siempre se está donde se estaba: en el punto de inicio, con la necesidad de pensar en una nueva historia.

Ofrezco a continuación un esquema de pasos de *Trilocos,* a partir de uno de los guiones del propio Miliki, que reproduce la estructura de un chiste o broma clásica. Se podría llamar «Dos pantalones por el precio de uno». Los protagonistas son Chifo, que hace el papel de payaso serio y gruñón, que se cree más listo que sus compañeros; Fofito, que hace el papel de tonto al que es fácil engañar, y Mané, que representa al astuto e ingenioso que siempre encuentra una manera de dar la vuelta a las situaciones. Este, por cierto, es un esquema clásico de la comedia, que sirve para colocar los chistes, aunque a veces se ha probado con éxito un reparto de papeles en el que todos son listos (como los hermanos Marx) o en el que todos son tontos, como en *Granujas de medio pelo*, de Woody Allen.

Pues bien, en nuestra pequeña broma tenemos a Chifo junto a una tienda improvisada en la que vende pantalones y un cartel en el que se puede leer: «¡Gran oferta! 2x1 ¡Compre un pantalón y llévese dos!». Éstos serían los pulsos, que incluyen la descripción de la situación inicial:

1. Chifo anuncia su gran oferta: «Dos por el precio de uno: compras un pantalón y te llevas dos».
2. Fofito se acerca y mira y escucha con interés la oferta.
3. Fofito se asegura de que la oferta consiste en que compras un pantalón y te llevas dos. Chifo se lo repite claramente.
4. Fofito decide aprovechar la oferta y paga 1000 pesetas a Chifo.
5. Chifo le dice que elija.
6. Fofito elige un pantalón muy contento.
7. Fofito se dispone a elegir su segundo pantalón, pero Chifo le detiene.
8. Fofito dice que tiene que escoger otro pantalón por la oferta.
9. Chifo le dice: «La oferta era que comprabas un pantalón y te llevabas dos... y ya los tienes: ¡El que has elegido y el que llevas puesto!
10. Gran chasco de Fofito.

Hasta aquí llegaría la primera parte de la broma. La segunda, consistiría en la intervención del astuto, de Mané:

11. Mané, que viste una gabardina, ve la oferta de Chifo y se interesa.
12. Chifo le explica con todo detalle que es un 2x1, que si se compra un pantalón se llevará dos.
13. Mané acepta la oferta y paga las 1000 pesetas.
14. Mané elige un pantalón y se dispone a elegir el segundo.
15. Chifo le explica lo mismo que a Fofito: «... Ya tienes dos, el que has comprado y el que llevas puesto».
16. Mané responde. «¡Pues no señor!» y se abre la gabardina, mostrando que está en calzoncillos.
17. Ante la rabia de Chifo, Mané elige su segundo pantalón.

En total, para esta pequeña broma, que duró entre seis y nueve minutos, se han necesitado 17 pulsos. Podrían haber sido 18 o 20 o 25, si hubiéramos querido aclarar ciertos detalles, y quizá podríamos quitar algún pulso, pero no muchos, porque eso podría hacer confusa la trama. Naturalmente, contada así sin más la trama, no obtenemos los ocho minutos de la aventura y tienen que suceder más cosas: bromas, equívocos, juegos de palabras, tropezones y todo el arsenal visual de los payasos, pero lo importante es que al leer los diecisiete pasos del esquema no cabe ninguna duda de que existe una historia que contar y que el guionista se puede poner a escribir el guión sin dudarlo. Eso sí, la lectura del esquema de pasos ya nos puede revelar un pequeño problema: el hecho de que Mané lleve una gabardina hará sospechar al espectador antes de tiempo, como sin duda habrán sospechado los lectores de este libro al leer el paso número 11: en efecto, la presencia de la gabardina anticipa el desenlace y hace que los espectadores sospechen antes de tiempo. No recuerdo si descubrimos ese problema desde el principio gracias al esquema de pasos o si fue al leer el guión con los actores o en el plató, pero sí sé que encontramos una buena solución: hicimos que en esa aventura lloviera a cántaros, para que todos los personajes llevaran gabardina y así la de Mané no llamara la atención. Es una buena muestra de que a veces la mejor manera de esconder algo es multiplicarlo.

Volviendo al esquema de pasos, en la comedia de enredo, como el caso de la broma de los pantalones, suele haber más pasos que en otros géneros, porque cada etapa de la broma debe quedar perfectamente establecida. Ya he dicho que en *Balas sobre Broadway* hay unos 70 pasos fundamentales, pero en otras películas quizá sean 100. Sea como sea, conviene no multiplicar los pasos innecesariamente, porque la mayor utilidad del esquema consiste en poder contemplar de un vistazo toda la película. Al revisar un guión, solemos perder la perspectiva cuando llegamos a la página 60 o 70, pues es demasiada información que asimilar. Por eso, incluso aunque ya hayamos escrito el guión, conviene reducirlo a un esquema de pasos, porque no es lo mismo consultar cuatro o cinco páginas en las que enumeramos sesenta pasos que 120 páginas de un guión.

Lo que no es el esquema de pasos

Antes de continuar, conviene aclarar en qué se diferencia un esquema de pasos de otros trabajos y documentos similares, como las sinopsis, los argumentos, los tratamientos o los tratamientos secuenciados. Podemos hacerlo examinando lo que no es un esquema de pasos:

No es una estructura dividida en planteamiento, desarrollo y desenlace, ni en tres, cuatro o cualquier número de actos.

Balas sobre Broadway tiene unos sesenta o setenta pasos fundamentales. Podríamos pensar que los diecisiete primeros pasos que hemos enumerado antes son el planteamiento, es decir la parte que va desde el inicio hasta el primer punto de giro, o quizá esa parte llamada *exposición* en la que es fundamental dar información al espectador. Puede ser, pero no tenemos que preocuparnos ahora por eso. Estamos trabajando en un guión, no analizándolo.

No nos interesa saber dónde acaba el planteamiento ni dónde se produce el primer gran punto de giro o *turning point*. Algunos pensarán que ese punto de giro es el momento en el que David acepta trabajar con un gánster y su amiguita. Es el punto sin retorno que le mete en la aventura. Otros dirán que el verdadero punto de giro tiene lugar cuando Cheech es nombrado guardaespaldas de Olive, porque eso unirá irremediablemente su destino al de David; o quizá un poco después, cuando Cheech decide intervenir en la obra o cuando David acepta esa intervención.

Insisto en que esos asuntos no nos preocupan ahora. Más adelante veremos que también suele acarrear más confusión que ventajas pensar en cuál es el punto de giro del guión o del personaje y cuándo acaba o termina un acto (si es que hay actos, cosa que ya sabemos parece muy dudosa en muchos casos).

El esquema no es una enumeración de las secuencias o de las escenas de la película.

A primera vista puede parecer que en el esquema se enumeran las diferentes escenas: hay quien considera el esquema de pasos o golpes *(beat sheet, outline e incluso treatment en inglés)* sinónimo de esquema de escenas. Pero yo no lo considero así: lo que se enumera en el esquema de pasos son las cosas que tienen que pasar. A veces varias de esas cosas suceden en una misma escena, mientras que en otras ocasiones una única cosa se desarrolla a lo largo de varias escenas. Como es obvio, cuando una película ya se ha estrenado, el esquema de pasos casi coincide con la enumeración de las escenas, aunque con algunas excepciones aquí y allá. Y si se trata de un guión ya escrito, es bueno hacer un esquema en el que aparezcan todas las escenas, como hicieron Towne y Polansky, eso sí, describiendo los diferentes pasos que contiene una misma escena.

El esquema de pasos no es ningún tipo de estructura dogmática.

Éste es el aspecto quizá más importante. El esquema es un método de trabajo, pero no estamos obligados a respetarlo como si fuera un dogma de fe. Sirve para corregirlo, tachar pasos, añadir otros.

El esquema de pasos es la verdadera herramienta de los guionistas.

Como ya he dicho, los guionistas, tanto en cine como en televisión, trabajamos con esquemas de pasos, no con estructuras como el paradigma de Field. Cuando nos planteamos contar una historia, nos limitamos a apuntar las cosas que tienen que pasar y el orden en el que se mostrarán al espectador. En una serie de televisión, y para facilitar el trabajo en equipo, esto se hace en grandes pizarras, una para definir la temporada y otra para definir cada episodio. Más adelante explicaré ese método con detalle.

Para qué sirve un paso narrativo

Los pasos sirven para contar la historia o el relato, por supuesto, pero también pueden tener otras funciones:

Hacen avanzar la trama: ésta es su tarea fundamental, ser los eslabones de la cadena de causas y efectos de la trama.

Informan de algo: transmiten información acerca del contexto de la historia, de los personajes o de cualquier otro asunto que el espectador deba conocer.

Presentan a un personaje: permiten al espectador conocer a un nuevo personaje.

Relacionan a dos o más personajes: pueden establecer o revelar una relación cercana o lejana entre diversos personajes.

Caracterizan a los personajes: profundizan en el conocimiento de los personajes, revelan rasgos de su personalidad, su vida o su carácter.

Descubren un objetivo o deseo: mostrando lo que los personajes quieren conseguir o cuáles son sus objetivos y deseos.

Muestran un plan para conseguir un objetivo: puede tratarse del plan del protagonista para alcanzar sus metas, pero también del plan del antagonista o de cualquier otro personaje.

Muestran un obstáculo o dificultad: algo que se interpone en el camino de un personaje, por lo general del protagonista, que le impide o le dificulta llevar a cabo su plan o alcanzar su objetivo.

Plantean, desarrollan o resuelven un conflicto.

Proporcionan ritmo y movimiento: aunque éste es un aspecto que trataré más adelante (al hablar de lo que no está en un esquema de pasos), en ocasiones sentimos la necesidad de incluir en la cadena de causas y efectos de una historia algo que le proporcione ritmo o que se lo cambie.

Plantean preguntas o crean expectativas: fundamentalmente al espectador.

Siembran o preparan: lo que se llama siembra o *planting*, que consiste en ir preparando al espectador para algo que va a suceder.

Crean emoción: tanto para un personaje como para el espectador, según el caso.

Revelan algo: tanto a los personajes como a los espectadores.

Marcan un gran cambio de dirección: en la historia, a la manera de los puntos de giro tal como los definen Field o McKee. En definitiva, los puntos de giro o *turning points** son también pasos, aunque se trate de momentos de especial importancia en la trama.

Revelan otro punto de vista: muestran que la historia o un acontecimiento concreto de la misma pueden ser mostrados desde otro punto de vista.

Marcan un momento de transición: en ocasiones resulta necesario establecer una transición entre dos acontecimientos o escenas, bien para indicar que ha pasado un cierto tiempo en la historia, bien para establecer una distancia psicológica entre dos escenas o momentos.

Las anteriores son algunas de las funciones que pueden desempeñar los pasos. Puede haber muchas más, pero si no cumple alguna función claramente identificable, lo más probable es que no estemos ante un paso narrativo y que no debamos incluirlo en el esquema.

---

* Kristin Thompson señala que existe cierta ambigüedad, incluso en Syd Field, en el uso de la palabra *plot point*: a veces Field se refiere con ese término a esos dos grandes puntos de giro del final del primer y del segundo acto, pero en otras ocasiones habla de diez o quince *plot points* en un acto. El problema se agrava porque en español se tradujo *plot point* como punto de giro. El punto de giro como tal (el que marca un verdadero cambio de dirección), propone Thompson, se entiende mejor con la expresión «*turning point*».

Lo que el esquema de pasos nos revela

Si queremos escribir un guión, podemos hacerlo de mil maneras: podemos anotar todo lo que se nos ocurra, rellenar fichas o construir una estructura. Cualquier método, herramienta o mecanismo puede resultar útil, pero en un momento u otro, si realmente queremos avanzar en el trabajo, lo que tenemos que hacer es convertir esa información en un esquema de pasos.

Como dije antes, si ya hemos escrito el guión, también nos conviene hacer un esquema de pasos. Al menos si queremos trabajar de manera sensata. Es decir, tenemos que destripar el guión y enumerar los pasos, las situaciones indispensables, las cosas que tienen que pasar sí o sí. En ese caso, como ya dije antes, podemos hacer el esquema con las escenas que ya hemos escrito, pero indicando los pasos que contiene cada escena y las escenas que desarrollan un mismo paso.

El método de convertir el guión en un esquema de pasos resulta tan útil para los guionistas que tienen problemas con un guión ya escrito como para quienes todavía no lo han comenzado. Si el esquema de pasos se elabora a partir de un guión ya escrito, se suelen descubrir varias cosas muy útiles o reveladoras:

1. Hay escenas que carecen de sentido: en ellas no hay nada que podamos trasladar al esquema. No sucede nada fundamental. Muchas escenas parecen ser inútiles, y a menudo lo son.
2. Hay escenas confusas, en las que ni siquiera nosotros sabemos qué es exactamente lo que sucede o si son o no necesarias.
3. Hay muchas escenas que son redundantes, porque repetimos cosas que no hace falta repetir.
4. Descubrimos que hay muchas cosas que el espectador no entenderá porque faltan escenas o acciones para ciertos pasos fundamentales.
5. Vemos con claridad la estructura o estructuras subyacentes en nuestro guión, descubrimos nexos y relaciones que nos habían pasado inadvertidos.

6. Advertimos que ciertos desarrollos narrativos no están conectados como deberían.

Tenemos que trabajar en el esquema, revisarlo una y otra vez para ver si toda la historia está bien conectada de principio a fin. A medida que lo hacemos, a menudo imaginaremos escenas que nos permitirán contar mejor este o aquel paso. Podemos apuntar todo lo que se nos ocurra, porque insisto en que todo trabajo es bueno: cuando escribimos un guión estamos obligados a trazar el mapa de un territorio que no existe, porque somos precisamente nosotros quienes tenemos que crearlo. En consecuencia, mientras más nos familiaricemos con ese mundo que todavía no existe, mejor. Eso sí, nuestro objetivo será completar ese esquema de pasos antes de pensar siquiera en escribir el guión.

Cuando tengamos los pasos, habremos avanzado muchísimo, porque nos servirán como una guía que nos impedirá perdernos.

Es posible, por otra parte, que nuestra historia no sea lineal, es decir que no siga una línea uniforme desde el presente hacia el futuro, que queramos recurrir a *flashbacks* o *flashforwards* o incluso desordenar la estructura al estilo *Pulp Fiction,* o contarlo todo al revés como en *Memento.* Sea como sea, el esquema nos resultará útil.

En relatos de estructura compleja, resulta muy útil preparar primero un esquema de pasos de la *historia* y solo después un esquema de pasos del *relato.* En el esquema de la *historia* no es necesario ser exhaustivo, pero sí situar el orden de los acontecimientos en cada una de las tramas y la relación cronológica entre unas y otras, sin ocultarnos ninguna información relevante. A partir de ese esquema de la *historia,* podremos elaborar el esquema del *relato* sin perdernos a cada momento debido al desorden narrativo que queremos aplicar.

Para entender con más claridad cómo funciona y cómo se elabora un esquema de pasos, lo mejor es ver cómo se trabaja de manera profesional en una serie de televisión al diseñar la temporada y cada uno de los episodios. Es un método muy parecido al esquema de pasos, solo que se aplica de un modo que puede ser compartido por todos los guionistas implicados en el proyecto.

Cómo se crea una serie de televisión

La puesta en marcha de una serie de televisión puede deberse a diversos motivos: un canal de televisión se lo encarga a una empresa, o bien la iniciativa surge de la propia productora; en algunos casos, aunque es poco frecuente en España, la idea puede surgir de un guionista o un equipo de guionistas. Sea como sea, la primera fase del proceso de creación de una serie se desarrolla a partir de reuniones creativas, en las que, de manera no reglada o siguiendo ciertas técnicas creativas como el *brainstorming**, las ideas iniciales se van desarrollando y cambiando, a menudo de manera radical. Recuerdo que en las primeras reuniones de la serie que luego sería *Médico de familia,* la profesión del protagonista cambiaba constantemente, pero que casi todas tenían relación con el mundo de los artistas, para aprovechar las cualidades del que iba a ser el protagonista (Emilio Aragón): pianista, prestidigitador, payaso... pero al final se decidió que fuera médico.

En esas reuniones creativas se intentan definir algunos aspectos de la serie: cuáles son las premisas, entendiendo ese término tanto en el sentido de lo que define la identidad o franquicia de la serie, como en el sentido del punto de partida que permite poner en marcha las diversas tramas. Se define el mundo en el que transcurrirá la historia, es decir, los escenarios principales, que en televisión son limitados y por tanto exigen una buena elección, para no verse en la situación de no poder relacionar a los personajes unos con otros. En esta fase no suele llegarse a seleccionar con todo detalle las localizaciones principales, pero ya se apuntan las primeras posibilidades, aquellas que parecen más interesantes, útiles o sugerentes. También, por supuesto, se definen los principales personajes y las relaciones y conflictos que pueden surgir entre ellos, lo que tam-

* De técnicas creativas como el *brainstorming* me he ocupado en mi libro *La musa en el laboratorio, el descubrimiento de la creatividad.*

bién es de gran importancia, pues tienen que tener un largo recorrido si esperamos que la serie dure varias temporadas. Se piensa también en cómo se podría desarrollar la primera temporada, cuál será el arco de la temporada, es decir, la línea o líneas argumentales básicas que se desarrollarían desde el capítulo uno hasta el último.

Una vez que se tiene una idea general de la serie, de la época, el lugar, el contexto, los personajes y las posibles tramas, lo habitual es comenzar a trabajar con pizarras, paneles o tablones de corcho. Algunos equipos de guionistas no empiezan a trabajar con la pizarra hasta que ya tienen definidos aspectos muy concretos de la serie, y en ocasiones el creador de la serie elabora un proyecto muy completo, incluso con sinopsis de todos los episodios antes de entrar en la sala de guionistas, pero lo habitual, como cuenta Kurt Sutter, el creador de *Sons of anarchy,* o Vince Gilligan, el de *Breaking Bad* y *Better Call Saul,* es enfrentarse a la pizarra con tan solo un punto de partida para el capítulo 1 y un punto de llegada para el capítulo 13, por ejemplo, y entonces empezar a rellenar la pizarra. La primera pizarra es la de temporada.

La pizarra o tablón de temporada

El tablón o la pizarra es un método de trabajo que a veces emplean los guionistas de cine, pero que está presente en todas las productoras de televisión, ya se trate de series convencionales o innovadoras, en canales de pago o en generalistas, porque es una herramienta indispensable para poner en marcha una serie.

Es un gran panel que puede ser de corcho, papel o, lo más frecuente, ese pizarrón blanco que en España y México se conoce por sus marcas comerciales (vileda y pintarrón) en el que se pueda escribir y borrar sin dificultad con rotuladores de colores. También puede usarse cualquier gran superficie en la que puedan pegarse o clavarse con chinchetas papelitos de colores de quita y pon o pequeñas fichas. Asimismo pueden usarse post-it de colores, por supuesto.

Lo primero que tenemos que hacer es dividir la pizarra en tantas columnas como capítulos tenga la temporada. Las series de Estados Unidos pueden tener hasta 26 capítulos, pero en España suelen ser de 13. Algo parecido a esto (pero en una gran pizarra):

CRISIS	1	2	3	4	5	6	7	8	9	10	11	12	13
Ana y Luis													
Comisaría													
Lola y Tomás													
Caso del día													

La primera columna de la izquierda se reserva para las tramas principales que tendrá la serie a lo largo de la temporada. Estas tramas, como es obvio, tienen que ser las más interesantes y las que ofrecen más posibilidades de conflicto, enredo, etcétera. Dependiendo de la serie, pueden ser más o menos tramas, pero no suelen ponerse en la pizarra todas las tramas posibles, que son muchísimas en una serie de multitrama, sino solo aquellas más importantes, por ejemplo, entre cuatro y siete tramas. En ocasiones, en especial en las series familiares, más que tramas se trata de relaciones entre personajes principales, que aunque pueden tener una trama principal clara, como una boda al final de la temporada, también protagonizan otros conflictos o subtramas que no tienen que desarrollarse desde el inicio de la serie hasta su final, sino que pueden ocupar un único episodio o varios.

A continuación, los guionistas ya pueden comenzar a rellenar la pizarra, escribiendo en cada casilla los acontecimientos fundamentales de la serie, los grandes momentos, descubrimientos, puntos de giro y evoluciones más importantes de los personajes o sus relaciones. Por ejemplo, si se trata de una pareja que se conoce en el capítulo 1 y cuya relación va a avanzar mediante el mecanismo de la tensión sexual no resuelta a lo largo de la temporada, podríamos empezar a rellenar algunas casillas del siguiente modo:

CRISIS	1	2	3	4	5
Ana y Luis	Se conocen. No se caen bien. Compiten por el mismo puesto.	Ana liga con Pedro, el hermano de Luis.	Luis conoce a Sandra y se acuesta con ella.	A Ana le atrae Luis cada vez más. Pedro celoso.	Ana y Luis solos en la oficina. Alta tensión sexual.

Aunque aquí he rellenado los cinco primeros capítulos de la trama «Ana-Luis», es raro que se empiece a rellenar la pizarra de manera ordenada empezando por la primera columna y terminando por la última. Lo más usual es que se empiece por los puntos fuertes de cada conflicto o por los conflictos que se tienen más claros, como que un personaje aparecerá por primera vez en el capítulo 4, o que otro se casará en el capítulo 13. En ciertos momentos también se rellena la pizarra con una trama o subtrama que tenemos clara y que sabemos que durará solo tres o cuatro capítulos.

En cierto modo, una temporada de una serie es como un capítulo que contuviera 13 bloques. Es decir a lo largo de la temporada se sigue una estructura narrativa, con sus grandes puntos de planteamiento, inflexión, conflicto y resolución. Esto sucede, de manera todavía más evidente que en las series convencionales, en las series de canales como HBO, que se conciben como una película muy larga, unos seiscientos minutos en el caso de una temporada de *Los Soprano;* es decir cerca de diez horas (como si fuera la trilogía de *El padrino*). En España y en la televisión generalista, este tipo de estructuras tan bien desarrolladas, con la complejidad narrativa de una película larga, son muy infrecuentes y es difícil que se reflejen en una pizarra; en las series convencionales de multitrama se presta atención más que nada a la evolución de ciertos conflictos importantes, algunos de los cuales atraviesan la serie de principio a fin: la futura boda, el descubrimiento del *serial killer,* el conflicto entre dos protagonistas...

Una vez que todas las casillas de la pizarra de temporada han sido rellenadas, se puede comenzar a trabajar con la pizarra de episodio o capítulo.

Escaleta o pizarra de episodio

El paso siguiente a la pizarra de temporada es la pizarra de episodio o capítulo. Se comienza a trabajar con la información que hemos puesto en la pizarra de temporada para el episodio en el que vamos a trabajar. De este modo, esos superpulsos de cada capítulo en las cinco o seis tramas ahora se convertirán, por ejemplo, en los 28 pulsos de un capítulo.

La escaleta de un capítulo se refleja en la pizarra de una manera diferente a como se hace en la pizarra de temporada: en vez de poner en las filas el número de cada capítulo, se sitúan los actos, que aquí son actos reales, no narrativos o interpretables, pues el corte a publicidad marca su comienzo y final. En España también se suele trabajar con cuatro actos, a pesar de que los canales de televisión no respetan esos bloques narrativos y pueden cortar la emisión de la serie para dar paso a publicidad en cualquier momento, incluso dejando a un actor a mitad de una frase. En las columnas se sitúan las escenas de cada uno de los actos, por ejemplo siete por acto, como en el siguiente gráfico.

	1	2	3	4	5	6	7
Acto I							PI*
Acto II							PI
Acto III							PI
Acto IV							

* Punto de inflexión.

Esta tabla, tomada del libro de Pamela Douglas *Cómo escribir una serie dramática de televisión,* es la de una serie convencional americana de unos cuarenta minutos, con 7 escenas por acto (28 escenas en total) y 4 actos. Cada escena duraría como máximo dos minutos. En principio, cada acto suele tener el mismo número de secuencias, aunque no siempre es así y puede haber un acto que tenga más o menos secuencias que los otros. También es frecuente que tengamos que contar con una escena o secuencia extra, como un *teaser* o prólogo (también llamado *cold open*, entrada en frío), y con un epílogo o anticipo *(tag)* del próximo capítulo, pero casi siempre se considera que forman parte del primer o del último acto para no complicar demasiado las cosas. En tal caso, la primera casilla de la pizarra del acto 1 sería el *teaser*, y la segunda casilla sería ya la secuencia primera de ese acto. En cuanto al epílogo, sería la última casilla del último acto.

Como sucedía en la pizarra de temporada, en la de capítulo se van situando los puntos fuertes de las tramas de ese capítulo, los pasos, pulsos o *beats*. Como en cada capítulo hay varias tramas, no solo las que ya conocemos por la escaleta de temporada, sino otras subtramas que se crean específicamente para cada capítulo, se suelen usar rotuladores de distinto color, uno para cada trama.

Como se puede observar en la tabla, cada acto tiene siete escenas y la escena final de cada acto está marcada como PI o punto de inflexión, porque es la escena anterior al corte a publicidad, lo que significa que debe cuidarse especialmente para que los espectadores tengan ganas de regresar a la serie tras los anuncios.

En la pizarra de episodio muchas veces es preferible usar un tablón de corcho en vez de una pizarra blanca o vileda, porque eso te permite clavar fichas en las que pueden describirse con más detalle las escenas. Además, pueden añadirse diálogos sueltos y situaciones que todavía no se tiene claro dónde colocar. La mayor ventaja de este método es que después pueden desclavarse las fichas y trabajar con ellas en cualquier lugar, por ejemplo en una cafetería o en el propio domicilio.

También se puede fabricar un tablón o pizarra portátil con una libreta grande y fichas o post-it pequeños, como cuenta Blake Snyder que le enseñó su maestro Mike Cheda:

> Sacó un bloc de dibujo de la cartera y lo abrió con jubiloso entusiasmo. La doble página del bloc, dividida en dos por la espiral, componía un encuadre más ancho de lo normal. De un extremo a otro, había trazado tres líneas rectas que delimitaban cuatro filas horizontales. Y esas filas estaban llenas de recortes cuadrados de papel, cada uno con un tiempo de la historia en la que estaba trabajando. «Es portátil», dijo Mike, riéndose como un científico loco.

De todos modos, siempre es importante que la pizarra se pueda revisar de un vistazo, porque es una herramienta de trabajo cuya función principal es ofrecer una visión de conjunto y poder orientarse entre toda la información, en especial en las series de multitrama.

A partir de la pizarra de temporada se puede elaborar el mapa de tramas, que amplía la información de cada una de las celdillas y define las escenas en las que tendrán lugar. A partir del mapa de tramas ya se puede escribir el guión, ya sea por parte de los guionistas que han hecho el mapa de tramas o por guionistas diferentes (en ese caso a los que han hecho las tramas se les suele llamar «escaletistas» y a los que escriben el guión «dialoguistas»).

Es importante tener en cuenta que la pizarra o tablón, las escaletas y las fichas son herramientas y métodos de trabajo, no documentos de venta o explicación. Es decir, no se va a una reunión con una pizarra o las fichas: sirven para que los guionistas trabajen y en especial para que lo hagan en equipo. En el anexo del final del libro el lector puede ver ejemplos profesionales de pizarras de temporada y episodio.

En los próximos capítulos, vamos a descubrir algo que podemos hacer con el esquema de pasos, o con esa especie de esquema de pasos que es la escaleta de episodio, y que puede ayudarnos a entender las reacciones de los espectadores ante nuestra historia, o mejor sería decir, nuestro *relato* o guión.

El método empático

¿Empatía hacia quién?

Casi siempre se habla de lo necesario que es crear en el espectador empatía hacia los personajes, diseñar un protagonista con el que se pueda identificar el público. Es una idea interesante que contiene algo de cierto, pero de la que también se ha abusado a menudo. A lo largo de mi vida como guionista y escritor he escuchado y he leído excelentes argumentos, incluso respaldados con investigaciones y estudios de campo, que probaban que el protagonista debe ser un poco mejor que el espectador medio; por ejemplo, vivir en una casa mejor y tener ropa un poco más elegante, porque, de este modo, es más fácil identificarse con él, ya que «todos tenemos una imagen de nosotros mismos que mejora nuestra realidad», o al menos deseamos alcanzar ese estadio. Pero también he escuchado y leído argumentos que probaban lo contrario con la misma contundencia y elocuencia: el protagonista debe estar por debajo del espectador medio, porque así el espectador se siente superior. El mejor ejemplo de ello es sin duda el vagabundo creado por Charlie Chaplin. También se insiste en que todos los personajes deben tener algo que los haga despertar esa empatía, identificación o deseo de imitación y que aunque tengan defectos, también muestren que en el fondo son buenas personas. Ése es precisamente uno de los puntos de la estructura de Blake Snyder, que él llama «Salva al gato»: cuando el héroe, por ejemplo, un sargento cruel que maltrata a sus reclutas, un día pasea por la calle, ve a un gato en lo alto de un árbol, se detiene, se asegura de que no hay nadie por allí y con firmeza, pero al mismo tiempo una gran delicadeza, rescata al pequeño felino y lo devuelve a tierra firme.

Sin embargo, aunque brillantes, las explicaciones acerca de la empatía que tiene que sentir el espectador se parecen demasiado a esas teorías capaces de explicar cualquier cosa imaginable, por lo que se puede sospechar que, más que explicaciones se trata de descripciones: si el personaje es inferior, eso puede resultar interesante para el espectador por diversas razones, quizá no relacionadas con esa inferioridad, sino con el interés mismo de ese personaje en cuestión. Basta con examinar los cambios en el gusto popular para advertir que el espectador y el lector medio han cambiado de manera radical sus patrones empáticos: antes gustaban los príncipes que mataban dragones, ahora gustan los dragones que humillan a los príncipes; antes gustaban los héroes perfectos, ahora gustan los antihéroes que meten la pata continuamente; antes gustaban los vaqueros y el Séptimo de Caballería, ahora gustan los bandoleros y los indios; antes se identificaba uno con Van Helsing y otros cazadores de vampiros, ahora todos se identifican con los vampiros, los hombres lobos o cualquier otra criatura bestial; antes el público sufría por quienes perseguían a psicópatas y asesinos, ahora se preocupa por psicópatas como Dexter o criminales sin escrúpulos como Walter White o Tony Soprano. Los gustos empáticos cambian con mucha facilidad.

En definitiva, es muy posible que también aquí se esté apuntando en la dirección equivocada y que la empatía no deba dirigirse desde el espectador al personaje, pues el espectador parece muy capaz de empatizar con cualquier personaje, sino desde el guionista hacia el espectador. Son, sobre todo, los guionistas quienes deben tener una gran capacidad empática, al menos en lo que se refiere a la empatía narrativa, para darse cuenta de si lo que están contando puede resultar interesante para miles de desconocidos que se sentarán en las salas de cine o en las butacas de sus salones. Esa intuición empática se adquiere muchas veces a través de la experiencia, y en especial gracias a los fracasos, pero existen algunos métodos que pueden servir para entrenar y favorecer nuestra empatía narrativa con el espectador, y en especial para ser capaces de revisar la estructura del guión o el propio guión con la vista puesta en ese espectador. Contaré dos métodos que empleo en mis talleres y cursos de guión.

El primer método ayuda a descubrir no dónde están los personajes, sino dónde está el espectador y, en consecuencia, nos ayuda también a llevarlo allí donde queremos que se dirija, emocional e intelectualmente, aplicando otra de las paradojas del guión: «El espectador debe creer que es libre, pero no debe serlo»*.

Puesto que nuestra intención es lograr ponernos en el lugar del espectador, he llamado a este sistema «método empático», pero no se trata de una fórmula mágica para escribir guiones, sino de una herramienta práctica que ayuda a comprender la complejidad del arte narrativo y cómo nuestro trabajo afecta a los espectadores.

El primer paso consiste en recuperar aquel esquema de pasos, pulsos, golpes, *beats*, puntos clave, o como queramos llamarlo, que habíamos elaborado páginas atrás. Ya expliqué entonces que no había que confundir los pasos con las escenas, que los pasos son las cosas que tienen que suceder, la sucesión de causas y efectos que hacen que nuestro relato sea coherente. Pues bien, ahora ha llegado el momento de ampliar ese esquema de pasos.

Lo que ve el espectador

Lo primero que haremos será construir una tabla a partir de nuestro esquema de pasos, añadiendo una columna para anotar lo que verá el espectador. Puede hacerse de diversas maneras, pero lo importante es que el resultado sea parecido a esto:

---

* Ésta es una de las paradojas tratada en *Las paradojas del guionista*.

1. Estamos en Broadway, el mundo del teatro.	
2. David: «Soy un artista y yo dirigiré mi obra».	
3. Guerra de bandas: Cheech y mafiosos matan a rivales.	
4. Informan al jefe mafioso (Nick Valenti) de que se ha cumplido el trabajo.	
5. Valenti promete a su amiguita Olive que hará de ella una artista.	
6. David y sus amigos bohemios discuten acerca del típico dilema: «¿Qué harías si tuvieras que elegir en un incendio entre salvar el último ejemplar de las obras de Shakespeare y al portero de la biblioteca?». (El arte o la vida)	
7. Marx: «Tenemos un productor».	
8. Marx: «El productor es el gánster Valenti y quiere a su novia Olive en la obra».	
9. Marx: «Tal vez podamos contar con la gran diva Helen Sinclair».	

Una vez que tenemos estas dos columnas, en la de la derecha podemos ir situando lo que verá el espectador. Eso que verá coincide con la descripción de una escena si estamos analizando los momentos clave de una película, como en este caso, pero otras veces puede tratarse de la manera en la que mostraremos al espectador los pasos o pulsos de la primera columna. En cualquier caso, tampoco se tratará de las escenas definitivas del guión, y tampoco serán las que aparecerán en la película, sino que, por el momento, serán escenas de trabajo: lo que imaginamos que podría ver el espectador: el *relato* como tal. Al servirme de una película que ya existe, como *Balas sobre Broadway*, es obvio que ya sabemos lo que el espectador ve en todo momento, pero imaginemos que ahora estamos trabajando sobre un guión que todavía no se ha convertido en película y analicemos lo que verá el espectador, por ejemplo, cuando David Shayne y su productor van a la casa de Valenti y Olive, que es un momento dramático que contiene tres pasos del esquema:

1. La banda rival (Kustabeck) toma represalias.
2. David conoce a Valenti y le queda claro que es un gánster.
3. David conoce a Olive y le queda claro que parece una actriz horrible.

Son tres pasos importantes pero en la película se muestran en una única escena y casi siempre en paralelo: al mismo tiempo que David y su productor hablan con Olive, Valenti habla por teléfono con sus hombres y ordena que tomen venganza contra la banda de Kustabeck:

<table>
<tr><th>PULSOS</th><th>LO QUE VE EL ESPECTADOR (ESCENAS)</th></tr>
<tr><td>1. David conoce a Valenti: gánster temible.</td><td rowspan="3">David y Marx en casa de Olive y Valenti. Al mismo tiempo que hablan con Olive y constatan que parece una actriz horrible, David se da cuenta de que Nick Valenti, el inversor, es un gánster. Valenti, por su parte, da órdenes de venganza.</td></tr>
<tr><td>2. David y Marx conocen a Olive: tonta y vulgar.</td></tr>
<tr><td>3. Valenti pide venganza.</td></tr>
</table>

Como se ve, en la columna de lo que ve el espectador, un solo recuadro ocupa el lugar de los tres pulsos porque en la escena se cuentan los tres pulsos. Pero podría suceder, quizá tras varias versiones, que decidamos que es mejor no ver a Valenti ordenando la venganza desde su casa, sino trasmitiendo sus órdenes desde un garito. El cambio no nos obligaría a modificar nada en la primera columna (la del esquema de pasos), pero sí tendríamos que cambiar la segunda columna.

<table>
<tr><th>Pulsos</th><th>Lo que ve el espectador (escenas)</th></tr>
<tr><td>1. David conoce a Valenti: gánster temible.</td><td rowspan="2">David y Marx en casa de Olive y Valenti. Al mismo tiempo que hablan con Olive y constatan que parece una actriz horrible, David se da cuenta de que Nick Valenti, el inversor, es un gánster.</td></tr>
<tr><td>2. David y Marx conocen a Olive: tonta y vulgar.</td></tr>
<tr><td>3. Valenti pide venganza.</td><td>En su garito, Valenti ordena vengarse de Kustabeck.</td></tr>
</table>

En definitiva, la segunda columna de nuestra tabla representa lo que verá el espectador, mientras que la primera columna, la de los pasos, indica lo que nosotros como guionistas queremos contar. Lo que verá el espectador no es lo mismo que lo que sabe el guionista. El guionista conoce gran parte de la *historia* oculta, mientras que lo que el espectador verá y conocerá será tan solo el *relato*, una selección muy fragmentada, y a veces desordenada, de la *historia*. Esta distinción es fundamental. Un buen guionista, por otra parte, debe ser capaz, al leer su guión, de imaginar qué es lo que se podrá hacer realmente en el rodaje, y lo que se verá, en definitiva, en la pantalla. No es tan fácil como parece. En mi caso, adquirí esa capacidad después de dirigir 260 aventuras de payasos o quizá ya tras las 130 de la primera temporada: al principio, leía los guiones como quien lee un cuento o una novela, es decir, mi imaginación se ocupaba de todo. Después, cuando me enfrenté a la tarea de convertir en realidad lo escrito, contando con decorados, actores, cámaras y todo lo que rodea a una producción audiovisual, tras unos cuantos descalabros e infortunios, tuve que acabar por aprender a *ver* un guión en vez de a *leerlo*. El propósito del método empático es, como se verá más adelante, que el guionista empiece a *ver* el guión y que, además, lo haga a través de los ojos de un espectador que no dispone de sus mismas fuentes de información.

Como ya he dicho, uno de los errores más frecuentes al escribir un guión se debe a que, en tanto que guionistas y creadores, sabemos demasiado. Hemos examinado una y mil veces cada detalle de nuestra historia, conocemos perfectamente a los personajes, las situaciones y los motivos de sus actos, pero nos hemos olvidado de contarle esas cosas al espectador; a veces, ni siquiera le hemos presentado a los personajes. Si el lector se toma la molestia de revisar atentamente el libreto o el guión de casi cualquier obra de teatro o película, descubrirá que en las primeras páginas o minutos se mencionan los nombres de los personajes con mucha frecuencia, sencillamente porque es necesario que el espectador sepa quién es quién en el relato, lo que le permitirá entender después las cosas que van a suceder.

Así que, al rellenar en nuestra tabla la columna dedicada a lo que ve el espectador, debemos pensar no en lo que sabemos que pasa en la *historia* ni en lo que sabemos que significa la escena o para lo que sirve, sino en lo que el espectador va a ver realmente. En definitiva, en la columna de los pasos está toda nuestra intención y todo nuestro conocimiento, el texto y el subtexto de lo que va a suceder, pero nuestra tarea como guionistas será muchas veces ocultar o no mostrar gran parte de todo eso que sabemos. Lo importante es que al leer la primera columna no siempre sea evidente cómo será la segunda columna, cómo mostraremos las cosas; y a la inversa, que al leer la segunda columna nos situemos en el lugar de un espectador que no sabe nada acerca de nuestras intenciones como guionistas y que solo conoce aquellas cosas que le hemos mostrado hasta ahora, ya sea en las escenas anteriores, ya sea en esa misma escena en la que nos encontramos ahora. Si es la primera vez que aparece Cheech pero su nombre no se menciona, entonces no debemos escribir en la columna de lo que ve el espectador: «Cheech y sus mafiosos ametrallan a la banda rival», sino: «Varios mafiosos matan a varios hombres junto a un camión que transporta botellas». Eso es lo que verá el espectador. En esa escena está claro que se trata de un mafioso y por eso me he permitido indicarlo así, pero en muchos casos deberíamos limitarnos a escribir:

«Varios tipos ametrallan a varios tipos», porque quizá el espectador no sepa, ni pueda deducir todavía, si se trata de mafiosos, espías, asesinos a sueldo o policías disfrazados.

Lo que piensa el espectador

Pues bien, ahora que ya tenemos dos columnas, la de los pulsos y la de lo que ve el espectador (que a veces se refiere a las escenas y otras a lo que pasa en cada una de las escenas), vamos a añadir una tercera columna. Esta tercera columna también está dedicada al espectador:

<table>
<tr><th>Pulsos</th><th>Lo que ve el espectador</th><th>Lo que piensa el espectador</th></tr>
<tr><td>1. David conoce a Valenti: gánster temible.</td><td rowspan="3">David y Marx en casa de Olive y Valenti. Al mismo tiempo que hablan con Olive y constatan que parece una actriz horrible, David se da cuenta de que Nick Valenti, el inversor, es un gánster. Valenti, por su parte, da órdenes de venganza.</td><td rowspan="3"></td></tr>
<tr><td>2. David y Marx conocen a Olive: tonta y vulgar.</td></tr>
<tr><td>3. Valenti pide venganza.</td></tr>
</table>

En esta tercera columna lo que tenemos que escribir no es lo que les sucede a los personajes (eso es más o menos lo que expresa la segunda columna), ni lo que es necesario contar (eso lo hace la primera columna), sino lo que el espectador piensa. No solo lo que piensa que está viendo, sino también lo que piensa que significa eso que está viendo, o lo que imagina que va a suceder.

Se suele considerar que el cine es un arte que exige mucha pasividad en el espectador y la verdad es que hay bastante de verdad en ello, pues el espectador, al menos en el cine, permanece sentado en una butaca, casi inmóvil, a oscuras y mirando todo el rato hacia delante. No puede retroceder, avanzar ni introducir una pausa en la película, sino que la ve de principio a fin. Si ve una película en la televisión o en un ordenador la cosa cambia un poco, pero en las condiciones originales (y también en las ideales del cine) el espectador no puede detenerse a pensar en lo que está viendo, a riesgo de distraerse y no enterarse de lo que sigue sucediendo en la pantalla. Sin embargo, a pesar de esa falta de actividad aparente, el espectador se pasa toda la película pensando, lanzando hipótesis, dejándose llevar por simpatías y antipatías, preguntándose qué sucederá después, y en ocasiones presintiendo o adivinando el futuro narrativo. La prueba de que así sucede es que cuando el desenlace no está justificado el espectador se siente al instante estafado: él imaginaba otra cosa. En consecuencia, cuando el espectador ve a un personaje, no solo ve a ese personaje, sino que empieza a elaborar hipótesis acerca de cuál será su papel en la película, cómo reaccionará cuando se entere de que le están engañando o cómo logrará escapar del peligro; también se preguntará a menudo quién es ese tipo o esa tipa, qué hace allí, en ese lugar y en esa escena. Del mismo modo que el espectador imagina lo que harán los personajes, el guionista debe imaginar lo que imaginará el espectador, tiene que jugar con esas expectativas, con esas mil ideas que pasan por la cabeza del espectador. Como es obvio, un guionista no puede meterse en la cabeza de cada uno de los espectadores que irán a ver su película, pero sí puede intentar manejar los hilos básicos de la imaginación ajena. Como ya sabemos, ése es el aspecto más importante en la escritura del guión: manejar al espectador, preocuparse por dónde está en cada momento. Y para eso sirve la tercera columna, para intentar imaginar qué es lo que imagina el espectador. Veamos un ejemplo:

PULSOS	LO QUE VE EL ESPECTADOR	LO QUE PIENSA EL ESPECTADOR
1. David conoce a Valenti: gánster temible.	David y Marx en casa de Olive y Valenti. Mientras ellos hablan con Olive, Valenti organiza por teléfono una acción criminal. David se va sintiendo cada vez peor.	Valenti será el productor Olive será la actriz. **¿Cómo resultará el encuentro, cómo reaccionará David?** *¡Se va a armar una buena cuando David descubra que ella es una actriz horrible y él un asesino!* **¿Después de esto se pondrán de acuerdo? ¿Aceptará David?**
2. David y Marx conocen a Olive: tonta y vulgar.		
3. Valenti pide venganza.		

Como se puede observar, en la tercera columna he empleado tres tipos de letra: normal o redonda, negrita y cursiva. No es necesario hacerlo así, pero es útil hacerlo aquí para distinguir tres tipos de experiencia diferente para el espectador:

1. Letra normal: el espectador constata algo que sospechaba o confirma una opinión previa. En este caso (como también sucedía en *El show de Truman*) el espectador sabe más que el protagonista, pues conoce a Olive y a Nick Valenti, mientras que David Shayne no sabe nada de ellos, excepto que él es el inversor de su próxima obra y que ella tiene que aparecer en la obra a cambio del dinero. En las escenas anteriores, cuando el productor Julian Marx le dijo a David que tenían inversor, el espectador posiblemente ya pensó en Nick Valenti, puesto que Marx dice que ha encontrado al inversor en el Cotton Club y nosotros, los espectadores, sabemos que Valenti prometió a Olive en una escena anterior ir con ella a ese club. También puede sospechar que Olive actuará en la obra, porque también ha visto que Valenti le prometía que la convertiría en una actriz famosa. En realidad, todo eso

ya quedó casi confirmado para el espectador en la escena anterior, cuando Julian Marx se lo contó a David, pero en esta escena todo queda ratificado más allá de toda duda, en especial que Olive actuará en la obra.

2. Letra negrita: en este caso no se trata de confirmar algo, sino de anticipar qué va a suceder. Puesto que ya hemos constatado que el productor es Valenti y que su amiguita actuará en la obra, ahora, como espectadores, estamos temiendo y deseando ver la reacción de David Shayne, quien ha dicho que no va a ceder en nada en lo que se refiere a su obra. ¿Cómo reaccionará al ver que el inversor es un mafioso y que su amiguita parece una actriz abominable? Las dos preguntas finales en negrita **(¿Se pondrán de acuerdo?, ¿qué hará David?)** contribuyen a que el espectador siga interesado en ver las siguientes escenas, en las que, se supone, encontrará la respuesta. Son lo que Philip Parker llama «interrogantes activos»*, es decir, las preguntas todavía sin respuesta que interesan al espectador. En las dos siguientes escenas, se responderá a esas dos preguntas.

3. *Letra cursiva*: en letra cursiva he señalado una posible anticipación emotiva del espectador: «¡Se va a armar buena cuando David descubra que ella es una actriz horrible y él un asesino!». Al comenzar la escena, todos sabemos que se avecina un momento importante, cuando el íntegro artista David Shayne se vea frente a la dura realidad de que su productor es un mafioso y una de sus actrices una espantosa cabaretera. Los guionistas han preparado todo para este gran momento, así que es previsible que los espectadores estén deseando ver cómo estalla el conflicto.

En definitiva, en la tercera columna tenemos que apuntar tanto las sospechas o anticipaciones del espectador que quedarán confirmadas o refutadas como las nuevas preguntas o interrogantes activos que se despertarán en él, así como las emociones que experimentará durante la escena.

Al distinguir claramente entre los pulsos (o nuestra intención) y lo que ve el espectador (en este caso, las escenas); y entre eso que ve y aquello que

* Philip Parker, *Arte y ciencia del guión*. Ma Non Troppo, 2003.

piensa y experimenta, es más fácil separar nuestro conocimiento como guionistas que han trabajado durante mucho tiempo en un guión de la sobria realidad que puede contemplar alguien que ignora todo ese mundo sumergido y que solo verá lo que se muestre en el guión o en la película. Se trata, en definitiva, de una técnica para observar con más detalle, paso a paso o escena a escena, algo que tendemos a dar por supuesto. El método puede servir para afinar nuestra intuición empática y expresar de manera precisa lo que realmente está en nuestro guión. En mis talleres recomiendo aplicar este método no solo a quienes quieren escribir un guión, sino a quienes ya lo han escrito: al convertir el guión en pulsos, en lo que ve el espectador y en esa tercera columna que nos permite observar al espectador, pueden examinar, con frecuencia por vez primera, su guión desde el punto de vista del espectador, no desde el de los personajes o la trama, ni desde el de ese conocimiento omnisciente que tiene el guionista.

Un aspecto importante al emplear este método es que no se trata de escribir páginas y páginas de comentarios larguísimos en cada columna. Es una herramienta para facilitar el trabajo y para poder seguir analizando el guión casi de un vistazo, por lo que, si se emplean demasiadas páginas, empezará a perder su utilidad y se convertirá en un documento tan inabarcable como puede serlo un guión. Por eso, al describir las escenas o lo que ve el espectador hay que intentar ser lo más sintético posible: no describir todo lo que podrá ver, sino tan solo los detalles más importantes. En cuanto a la tercera columna, la de lo que piensa el espectador, es evidente que solo tenemos que apuntar aquellas cosas que el espectador previsiblemente pensará en relación con la trama, no cualquier idea que pueda pasar por la cabeza de cualquier espectador, como «¡Qué bonita habitación!» o «Yo tengo una chaqueta igual que la de ese personaje».

Una manera de descubrir lo que podría pensar un espectador cualquiera consiste en entregar a alguien solo la segunda columna (la de lo que ve el espectador), pero sin dejarle ver nunca la columna de los pasos, y pedirle que rellene la tercera columna, la de lo que piensa el espectador; es decir, que vaya apuntando lo que le sugiere cada escena, las sospechas acerca de lo que va a pasar, las sorpresas o confirmaciones de sus sospechas y las emociones que podría experimentar en cada situación. Las revelaciones resultan a menudo sorprendentes y es fácil descubrir que no hemos contado bien las cosas al espectador:

1. En las primeras escenas se producen equívocos acerca de quién es el protagonista. El lector de un guión y el espectador de una película tienden a pensar que el primer personaje que aparece, o al menos el primero que tiene una escena de peso, es el protagonista. Eso puede ser bueno si ésa era nuestra intención, pero malo si es un accidente que induce a confusión.

2. Se producen confusiones acerca de los nombres de los personajes, acerca de quién es quién y de cuáles son las relaciones entre ellos.

3. Se despiertan expectativas que luego no se cumplen, lo que puede dar lugar a cierta frustración.

4. No se despierta ningún tipo de expectativa, sospecha, anticipación o emoción, lo que es casi siempre más grave que el no cumplir expectativas. Cuando escena tras escena de la columna de «lo que ve el espectador» descubrimos que no hay nada que pueda inquietarle, lo más probable es que a nuestro guión le falte algo importante.

5. El lector cree descubrir relaciones de causa y efecto entre escenas sucesivas, a pesar de que no era ésa nuestra intención.

6. Hay muchos interrogantes activos planteados en ciertas escenas que han quedado sin respuesta.

En «CÓMO MANEJAR AL ESPECTADOR» hemos visto que no es tan difícil como parece a primera vista saber qué es lo que piensa, desde el punto de vista narrativo, el espectador, y que existen maneras de sugestionarle y conducirle hacia donde queremos. En consecuencia, si el resultado de la tercera columna no nos complace, si vemos que el espectador no se hace preguntas ni se despiertan en él expectativas, lo que tenemos que hacer es poner en marcha nuestro arte narrativo, nuestra capacidad para ocultar, sugerir, anticipar, sembrar, sorprender. En TÉCNICAS NARRATIVAS, la segunda parte de este libro, conoceremos muchas de las herramientas de las que dispone el guionista para condicionar y dirigir al espectador.

El guión tachado

Una buena manera de darnos cuenta de qué es exactamente lo que hemos contado al espectador, consiste en tachar el guión. Porque incluso en el guión como tal, que en principio es el reflejo de la segunda columna en el método empático («lo que ve el espectador») hay mucha información que no llegará al espectador.

Recordemos la escena en la que la gran diva del teatro Helen Sinclair es presentada a los espectadores de *Balas sobre Broadway:*

INT. APARTAMENTO DE HELEN SINCLAIR - DÍA

La actriz Helen Sinclair arroja un guión desde lo alto de una escalera. Al empezar a bajar los escalones entra en escena su agente, Sid Loomis.

HELEN:

¡Lo dirás en broma! ¿Quieres que interprete a una abotargada ama de casa desbancada por una vampiresa? ¿Has olvidado quién soy yo? ¿No sabes a quién representas? Soy Helen Sinclair.

SID

Por supuesto. Por supuesto que eres Helen Sinclair. Te miro y me digo: Helen Sinclair. Y quién mejor para interpretar ese papel.

HELEN

¿Dirigida por quién? Por un novato.

SID

Es el autor.

HELEN

De dos fracasos.

Ahora vamos a tachar o eliminar la información que no conoce el espectador:

INT. APARTAMENTO ~~DE HELEN SINCLAIR -DIA~~

~~La actriz Helen Sinclair~~ [Una mujer madura] arroja un [documento] ~~guión~~ desde lo alto de una escalera. Al empezar a bajar los escalones entra en escena [un hombre maduro] ~~su agente, Sid Loomis~~.

~~HELEN~~ [MUJER]

¡Lo dirás en broma! ¿Quieres que interprete a una abotargada ama de casa desbancada por una vampiresa? ¿Has olvidado quién soy yo? ¿No sabes a quién representas? Soy Helen Sinclair.

~~SID~~ [AGENTE]

Por supuesto. Por supuesto que eres Helen Sinclair. Te miro y me digo: Helen Sinclair. Y quién mejor para interpretar ese papel.

HELEN

¿Dirigida por quién? Por un novato.

Cuando comienza la escena, el espectador no sabe que estamos en el apartamento de Helen Sinclair; tampoco sabe que esa mujer es Helen Sinclair, o al menos no lo sabe hasta que ella misma dice su nombre, al final de su primer monólogo. Por eso he tachado su nombre en su primera intervención, pero no lo he tachado en la segunda, ya que en ese momento el espectador sí sabe que esa mujer es Helen Sinclair. Ni siquiera estamos seguros de si es de día o de noche, porque el apartamento está iluminado con luz artificial y no hay ventanas. Al leer un guión desde el punto de vista del espectador, tenemos que eliminar todo lo que nosotros sabemos y atender solo a la información real que estamos trasmitiendo. En muchos casos, el resultado será un guión lleno de tachaduras. Algunas de ellas serán muy reveladoras, porque precisamente queremos mantener en la ignorancia al espectador, pero otras no lo serán, porque causarán una ignorancia no deseada y harán confusa o incoherente la historia. Si, por el contrario, nos encontramos con un guión sin apenas tachaduras, eso puede ser también una señal de alarma: quizá nuestro guión carece de interés y todo en él es evidente y previsible: tal vez debamos escribir de una manera más sugerente, capaz de generar misterios y dudas en el espectador.

Lo que nos interesa como guionistas en esta escena de Helen Sinclair es presentar al espectador a Helen de una manera narrativa o dramática. Allen y McGrath podrían haber imaginado otra escena para ese pulso, por ejemplo, un encuentro entre David y la diva en un café, o una entrevista en la oficina de Julian Marx, pero es evidente que la escena tiene más fuerza comenzándola *in media res*, con la diva arrojando el guión de la obra, lo que provoca en el espectador muchas preguntas: «¿Aceptará interpretar el papel?», «¿conseguirá su agente convencerla?»; incluso, al menos al principio de la escena: «¿Quién es esta mujer?». El guión, de este modo, avanza de una manera fluida, planteando preguntas y respondiendo a otras a través de las acciones de los personajes. Al mismo tiempo, nos ofrece información importante: conocemos a Helen Sinclair y a su agente, descubrimos que es una verdadera diva con un carácter indomable; al final de la escena, que aquí no he reproducido, también descubrimos que es manipuladora e intuimos por primera vez, aunque todavía de una manera leve, que entre ella y David podría suceder algo.

En la descripción de la escena podríamos escribir lo que escribió el propio Woody Allen en el primer borrador de *Balas sobre Broadway*, un documento de tan solo seis páginas, muy semejante a un esquema de pulsos:

PULSOS	LO QUE VE EL ESPECTADOR	LO QUE PIENSA EL ESPECTADOR
Helen Sinclair se niega a interpretar la obra, pero acaba aceptando porque no está en un buen momento.	~~Helen Sinclair~~ [Una mujer] en su elegante apartamento. Lanza ~~el guión~~ [un documento] escaleras abajo furiosa: «Debes estar bromeando. ¿Quieres que interprete a una abotargada ama de casa desbancada por una vampiresa? ¿Has olvidado quién soy yo? ¿No sabes a quién representas?». (La escena continúa...)	[Interrogante activo en la escena anterior a ésta: **¿Aceptará Helen Sinclair interpretar la obra de David?**] **¿Quién es esta mujer?** **¿Será Helen Sinclair?** *¡Vaya carácter tiene esta mujer! ¡Es una gran diva sin duda!* Es Helen Sinclair, sin duda. Es la obra de David, sin duda. **¿Interpretará la obra?**

Curiosamente, en el esquema de pasos o sinopsis que prepararon Allen y McGrath, del que he tomado la anterior descripción de la escena (la segunda columna), Helen Sinclair no llega a decir su propio nombre: es muy probable que en algún momento, tal vez durante el rodaje o quizá en una lectura del guión desde el punto de vista del espectador, decidieron que ella debía decir su nombre, para disipar cualquier duda acerca del personaje.

En cualquier caso, el espectador, ya desde el comienzo de la escena, piensa que está viendo a Helen Sinclair, pues en su mente existía un interrogante activo, planteado en la escena anterior, en la que David Shayne y su productor hablaban en una sauna: allí mencionaron a Helen Sinclair y la escena acabó con la pregunta de Shayne: «¿Crees que le gustará mi obra?». Así que, en cuanto vemos a una mujer desconocida en lo alto de una escalera con un documento en la mano, enseguida pensamos que se trata de Helen Sinclair, suposición que rápidamente se ve confirmada, para ser sustituida inmediatamente por otra pregunta: «¿Interpretará Helen Sinclair la obra de David?». Esto nos muestra que todo lo que sucede en una escena y lo que sucede entre escenas sucesivas pone en marcha la curiosidad y genera expectativas en el espectador: lo que ve le lleva a lo que piensa y lo que piensa le lleva a entender de una manera u otra lo siguiente qué verá, es decir las próximas escenas, ya sea las inmediatas u otras que tendrán lugar más adelante, quizá incluso en el desenlace. Esa tendencia del espectador a establecer relaciones de causa y efecto entre escenas sucesivas se potencia por el carácter secuencial del medio audiovisual, que a menudo nos facilita el trabajo y otras veces nos permite manejar todavía mejor al espectador.

Un universo entre dos planos

Existen muchas maneras de dirigir y controlar la atención del espectador desde el guión, si somos capaces de hacer lo que un guionista debe hacer, es decir, pensar audiovisual y secuencialmente, y muchas de ellas las veremos en TÉCNICAS NARRATIVAS, pero una de las mejores ocasiones en la que un guionista puede demostrar su maestría es en la transición entre escenas, que es la esencia misma de la secuencialidad cinematográfica. Una escena, aunque parezca aislada, nunca lo está: una cadena narrativa invisible la conecta con la escena anterior y con la escena posterior, y una cadena, todavía más sutil, la une, a veces de extrañas maneras, con otras escenas, algunas de ellas muy distantes.

Cuando se trata de escenas sucesivas, esa transición puede ser fundamental tanto para evitar trabajo al guionista como para manejar las emociones del espectador. Ya vimos, al analizar la escena de *Balas sobre Broadway* en la que se presenta a Helen Sinclair, que ya desde que vemos a una mujer en lo alto de una escalera sabemos que ella es Helen Sinclair, a pesar de que no ha dicho todavía su nombre ni nadie nos la ha presentado: lo sabemos porque en la transición de la escena anterior quedaba una pregunta en el aire del dramaturgo David Shayne: «¿Crees que a Helen Sinclair le gustará mi obra?». Es, además, un ejemplo, de ese consejo de comenzar la escena *in media res* y dejar que el espectador deduzca e imagine lo que no le mostramos. *Balas sobre Broadway*, como ya dije, es una película en la que unas escenas van dando paso a las siguientes, anticipando información y proporcionando dinamismo al relato: Valenti le propone a su amiguita ir al Cotton Club… Julian Marx llama a David desde el Cotton Club, donde se ha encontrado «a un viejo conocido»: en consecuencia, el espectador solo tiene que sumar 2+2 para saber quién es ese viejo conocido antes de que se lo digan. Pero la conexión entre segmentos sucesivos puede hacer muchas más cosas, además de anticipar o presentar a alguien antes de verlo. No solo entre escenas, sino también entre planos.

El documentalista Michael Rabiger ofrece una tabla en la que muestra cómo la simple sucesión de dos imágenes o planos puede trasmitir todo tipo de informaciones, sugerencias y emociones:

PLANO A	PLANO B	Plano B en relación a A	Tipo de corte
1. Mujer desciende escalera interior.	La misma mujer caminando por la calle.	Estructural.	Narra su progreso (construye una escena).
2. Un hombre corre por una calle concurrida.	Primer cordón que se desata.	Nos anticipa su caída ante un vehículo.	Relacional (atención a un detalle significativo).
3. Un mendigo hambriento pidiendo en un portal.	Rico come ostras en un restaurante caro.	Enfrenta el destino de ambas personas.	Relacional (crea contraste).
4. Una bañera que se está llenando.	Un adolescente en albornoz, al teléfono en su dormitorio.	Muestra dos situaciones que suceden al unísono.	Relacional (paralelismo).
5. Un boxeador agotado recibe un puñetazo que le deja fuera de combate.	Un buey muerto en un matadero.	Sugiere que el boxeador es una víctima expiatoria.	Relacional (simbolismo).
6. Policía vigilando un bloque de casas.	Una camioneta desvencijada que circula errática a gran velocidad.	El conductor ignora lo que se va a encontrar.	Conflictivo (lo estático frente a lo dinámico).
7. Maquinaria trabajando en el movimiento de tierras.	Una hormiga se mueve entre las briznas de hierba.	Coexistencia de microcosmo y macrocosmo.	Conflictivo (conflicto de tamaño).
8. Un ganso cruza el plano volando.	Agua salpica en la catarata del Niágara.	Fuerzas que fluyen en direcciones opuestas.	Conflictivo (conflicto direccional).

9. Primer plano que llena la pantalla de un rostro, los dientes apretados.	Enorme estadio olímpico. Corredores en la línea esperando la salida.	El individuo frente al conjunto.	Conflictivo (conflicto de tamaño).
10. Una mariposa negra descansa sobre una cortina blanca.	Un resplandor que surge de un bosque oscuro.	Elementos en oposición.	Conflictivo (oscuro frente a la luz).
11. Joven entra en una feria.	Cara distorsionada aparece en espejo de feria.	El original y su reflejo.	Conflictivo.
12. Conductor ve a ciclista en su camino.	A cámara lenta el conductor grita y da un volantazo.	Suceso y su percepción.	Conflictivo (tiempo real frente a tiempo percibido).
13. Conductor sale de vehículo para discapacitados.	La misma imagen, el coche en primer término, el conductor caminando como figura diminuta en la distancia.	Transición/ha pasado cierto tiempo.	Corte brusco.

Rabiger define esta tabla como una construcción dramática con un espectador como «narrador activo y participativo». De nuevo, pues, encontramos aquí al espectador.

Como se puede observar, casi todas estas combinaciones de planos proceden o pueden proceder del guionista, y todas ellas generan diferentes emociones o trasmiten información a los espectadores. Podríamos enumerar esos planos y contraplanos en la tabla del método empático como momentos sucesivos en la segunda columna, la de lo que ve el espectador:

	Un hombre corre por una calle concurrida.	
	Primer cordón que se desata.	

Y ahora podríamos anotar en la tercera columna las preguntas que podría hacerse un espectador al ver esos dos momentos:

	Un hombre corre por una calle concurrida.	**¿Por qué corre? ¿Quién es este hombre? ¿Llegará a su destino a tiempo o logrará escapar?**
	Primer cordón que se desata.	*¡Se va caer!*

Si fuéramos el guionista, también conoceríamos las razones de lo que estamos viendo, que podrían ser, por ejemplo:

<table>
<tr><td>Antonio corre intentando escapar del asesino de la mafia.</td><td>Un hombre corre por una calle concurrida.</td><td>¿Por qué corre? ¿Quién es este hombre? ¿Llegará a su destino a tiempo o logrará escapar?</td></tr>
<tr><td rowspan="2">Un cordón de los zapatos de Antonio se desata y cae al suelo.</td><td>Un cordón de sus zapatos se desata...</td><td>¡Se va caer!</td></tr>
<tr><td>El hombre cae al suelo.</td><td>¡Se cayó! ¿Cuáles serán las consecuencias?</td></tr>
</table>

Por otra parte, al leer la tabla de Rabiger, el lector sin duda habrá recordado ese mecanismo llamado efecto Kulechov, que nos dice que lo que vemos antes y después de una imagen, plano o escena, cambia el significado de lo que hemos visto o veremos y a menudo también provoca en nosotros diferentes emociones.*

Ahora bien, gran parte de esa emoción y de esa información surge precisamente de lo que no está en los planos, es decir de la transición entre lo primero que vemos y lo que vemos después, en el hecho mismo

---

* Aunque me he ocupado del efecto Kulechov en *Las paradojas del guionista*, el lector también puede encontrar su descripción en la segunda parte de este libro (en TÉCNICAS NARRATIVAS).

de que una cosa esté detrás de otra y que haya, al mismo tiempo, *algo* y *nada* entre ellas.

El arte de la transición

El arte de la transición entre escenas, de los hilos invisibles que conectan unas escenas con otras, es quizá el más descuidado, no solo por los guionistas, sino también por los expertos, si hemos de creer a Jeffrey Michael Bays, que afirma que antes de su libro no se había escrito ninguno dedicado enteramente a ese asunto. El libro de Bays se llama *Between scenes* (Entre escenas) y su subtítulo reza: «Lo que cualquier director, guionista y editor debería conocer acerca de la transición entre escenas». Para reforzar esta idea, Bays cita a Stephen Gaghan, guionista de *Traffic* y *Syriana*, que afirma que «La transición entre escenas es *todo* en las películas. Son el héroe anónimo».

En opinión de Bays, las transiciones entre escenas pueden cumplir seis funciones diferentes. En las cuatro primeras aparece la palabra «espectador», porque «todas las decisiones que tomes en la transición entre escenas deben basarse en cómo se sentirá la audiencia como resultado». Esas cuatro funciones son las siguientes:

1. Hacer pensar al espectador.
2. Hacer sentir al espectador.
3. Proporcionar al espectador descanso y relajación o provocarle tensión.
4. Conectar al espectador con el personaje.

La transición entre escenas sirve para marcar un ritmo, para sosegar la narración o para acelerarla. A veces, el espectador avanza sin resuello de una escena a otra, mientras que en otras ocasiones la transición le permite tomar aire, recolocar sus pensamientos y prepararse para lo que viene a continuación. En ocasiones, una escena responde a la anterior, ya sea para confirmar lo que imaginamos o esperamos, ya sea para refutar al personaje o a nosotros. Esta segunda manera es un recurso muy utilizado en el humor: en *Poderosa Afrodita*, de Woody Allen, el protagonista dice que jamás adoptará a un niño… en la siguiente escena, lo primero que vemos es al protagonista llevando a un bebé en brazos.

Supongo que no es necesario decir que quizá en el cien por cien de los casos, el paso de una escena a otra sucede única y exclusivamente para el espectador, lo que es otra manera de darnos cuenta de para quién debemos escribir y a quién debemos vigilar cuando revisamos la estructura. Se supone que los personajes, en ese mundo imaginario suyo, no ven escenas que se suceden, ni interrumpen su vida a mitad de un camino en medio de la nieve para teletransportarse y aparecer sentados en un sillón junto a la chimenea. A no ser que se trate de la serie *Startrek*, claro.

Aunque la manera exacta en la que se pasará de una escena a otra depende casi en exclusiva tanto del director como del montador, la decisión de que cambiemos de una escena a otra compete casi de manera exclusiva al guionista, por lo que gran parte de las decisiones narrativas relacionadas con esas transiciones entre segmentos son parte de su trabajo. Asimismo, la transición no solo se produce entre escenas, sino también, como ya he explicado, entre planos e incluso entre acciones dentro de un mismo plano, y también entre unidades dramáticas mayores, como las secuencias, los bloques narrativos, los actos, ya sean explícitos o no, e incluso las diferentes películas de una trilogía.*

Un preestreno antes de rodar la película

> En principio, el relato debe ser comprendido. El novato, en su entusiasmo, tiende a olvidar esta necesidad. Se concentra en las cosas que quiere expresar, en las emociones que quiere despertar, en los mensajes que debe entregar, y olvida que ninguno de estos deseos se cumplirá a menos que se entienda el relato.
>
> EUGENE VALE

* En la segunda parte de este libro, TÉCNICAS NARRATIVAS, he dedicado varias entradas al carácter secuencial de arte del guionista y al buen uso de la conexión entre escenas.

El esfuerzo por situarse en el lugar del espectador, ya sea aplicando técnicas como el método empático, el guión tachado, el examen de las transiciones entre escenas o la lectura del guión como si lo estuviéramos viendo desde la butaca de un cine, puede considerarse un preestreno o *screening test* imaginario y tiene su misma utilidad, porque nos permite alejarnos de lo que sabemos y situarnos en lo que realmente verá y sabrá el espectador. A los *screening test* o proyecciones previas asisten personas no relacionadas con la película, la serie o la obra audiovisual, que tienen la oportunidad de verla por primera vez. Los creadores observan las reacciones de ese primer público y recogen sus impresiones y opiniones. En algunos casos, los espectadores responden a un cuestionario, diciendo qué es lo que más les ha gustado y lo que menos, o qué cosas no han entendido. En pruebas más complejas, los espectadores se sientan en sofisticados sillones llenos de botones o manejan una especie de mando a distancia y van apretando este o aquel botón para indicar que algo les gusta o disgusta. Pues bien, es obvio que esos *screening test* no tienen como objetivo modificar la trama en función de lo que le pasa al personaje, sino en función de lo que le ha sucedido al espectador en la sala. En ocasiones se sacrifica una escena porque no le ha gustado a ningún espectador, a veces de manera injustificada, pues el hecho de que un espectador detecte un problema no significa que sepa cómo resolverlo ni que la mejor manera de remediar un dolor de cabeza sea el método de la reina blanca de Alicia: cortarle la cabeza al paciente, es decir, eliminar la escena problemática. El montador y sonidista Walter Murch compara el método de remontar una película al dictado de la opinión estadística de los espectadores con el dolor desplazado: a veces el lugar en el que se produce un dolor no se corresponde con la causa del dolor, por lo que un mal médico sería capaz de cortar un nervio que no tiene más responsabilidad que trasmitir o reflejar el dolor que proviene de otro órgano. En el lado positivo, esas opiniones de los espectadores en los preestrenos pueden ser importantes para detectar que algo no se ha contado bien, lo que no implica, insisto, que eso se deba eliminar, sino que tal vez lo que haya que hacer sea cambiarlo de lugar, anticiparlo o retrasarlo, acortarlo o incluso alargarlo.

Ahora bien, esos cambios que se aplican tras observar las reacciones de los espectadores se llevan a cabo para lograr modificar la percepción de los espectadores futuros. Por tanto, aunque quizá ya demasiado tarde y con un método muy discutible, se examina por fin la estructura en función de lo que le sucede al espectador, no al personaje. Sirven también, como dice Charlie Kaufman, para darnos cuenta de las cosas que hemos dado por supuestas con demasiada facilidad:

> Uno puede cortar toda una escena de una película, en la que has estado trabajando durante tres años, y tu cerebro puede establecer inmediatamente la conexión entre este y aquel momento porque tú tienes la información de la anterior versión del guión. Pero no siempre está claro que la audiencia también pueda hacer esa conexión. Así que si tienes a personas que dicen: «No entiendo el final. No entiendo qué es lo que sucede aquí», para mí eso es lo más valioso de estas proyecciones.

Y añade Kaufman: «Lo más interesante es cuando alguien interpreta algo de una manera diferente a como tú imaginabas que lo haría».

El método empático o el guión tachado son maneras de situarnos en el lugar del espectador en aquellos momentos en los que todavía no podemos hacer un *screening test* o un preestreno, y nos ayudan a prever en la medida de lo posible (y antes de haber invertido dinero o esfuerzo en hacer la película) los errores más evidentes en nuestra transmisión de información al espectador, así como detectar si nuestro guión tiene elementos capaces de interesar, conmover, emocionar y sugestionar al espectador.

La lógica del relato y lo imprevisible

> ¡Qué extraño enigma es el hombre! Mientras que tomado individualmente es un acertijo irresoluble, el conjunto de los hombres se convierte en una certidumbre matemática; no podemos saber lo que hará un

> hombre determinado, pero se puede prever con precisión lo que hará la mayoría de ellos.
>
> SHERLOCK HOLMES

En los últimos capítulos, en especial desde «CÓMO MANEJAR AL ESPECTADOR» he examinado diversas maneras de sugestionar, sugerir, dirigir y condicionar la atención del espectador. Puede parecer que todo se reduce a aplicar técnicas y recursos para mantener hipnotizada a nuestra audiencia. No cabe duda de que existen fórmulas y que además funcionan, como ha quedado demostrado a lo largo de décadas con la planificación y el lanzamiento de toda clase de productos destinados a la venta masiva y a llenar las salas de cine o romper las audiencias televisivas, desde novelas que se convierten en *bestsellers* antes de haber sido publicadas a programas o series de televisión que acaparan toda la atención durante meses o años, pero que tiempo después se sumergen en el olvido.* Los narradores no somos, como a veces se supone de manera ingenua, artistas tocados por la inspiración que contamos nuestras historias de manera impulsiva y espontánea, sino que somos más bien artesanos que trabajamos duramente para convertir historias insulsas que podría contar cualquiera en *relatos* capaces de interesar a todo tipo de desconocidos. A pesar de ello, podemos prever muchas cosas pero no podemos preverlas todas.

Como decía Sherlock Holmes, y cualquier estadístico, el ser humano es muy previsible tomado en conjunto pero bastante imprevisible tomado de uno en uno. Un mismo espectador puede aburrirse ante todos nuestros trucos narrativos si ve nuestra película un lunes después del trabajo pero quedar completamente seducido si la ve un domingo, cuando ya ha descansado de la dura semana laboral. Otro espectador puede rechazar nuestra propuesta no porque esté mal elaborada, sino porque es incapaz de entenderla, o porque se le ha escapado un detalle

---

* En *El guión del siglo 21* he analizado algunas de las fórmulas del éxito de Hollywood.

importante; otro quizá la rechace por razones ideológicas, morales o de gusto, porque siente antipatía hacia el actor protagonista, porque no le gustan las películas de guerra, los finales felices, las escenas rebozadas en una banda sonora manipuladora o la ausencia de una banda sonora. Es imposible prever todas estas cosas.

Existe otro factor de parecida o mayor importancia: una misma película es diferente la primera y la segunda vez que es vista. No porque cambie la película, sino porque cambia la persona. ¿Cuántas veces no nos hemos asombrado al descubrir que una de las películas favoritas de nuestra adolescencia ahora nos parece insulsa, aburrida, pedante, insoportable... y previsible, por supuesto. Nada más fácil que prever algo que ya hemos visto. En ocasiones sucede precisamente lo contrario: volvemos a ver una película que nos aburrió soberanamente y ahora nos parece deliciosa, sutil, encantadora, maravillosa. En nuestro cambio de opinión influye, como es obvio, el hecho de que ya hemos visto la película, pero también todo tipo de factores, muchos de los cuales, sospecho, se nos escapan, aunque nuestra mente lógica intente encontrar razones convincentes para esta trasformación del gusto.

El lector quizá ya se habrá dado cuenta de que la desaparición del factor sorpresa en una segunda visión de nuestra película o serie es uno de los aspectos que más afectan a nuestra construcción narrativa, sea cual sea el método que empleemos, desde el paradigma de Field al método empático de las tres columnas, desde el guión tachado a la simple conjetura acerca de la posible respuesta de un espectador ante nuestros trucos narrativos. Muchos elementos que aparecen en la tercera columna del método empático («Lo que piensa el espectador») ya no serán válidos la segunda vez, porque ese espectador ya no tendrá las mismas expectativas, ya no elaborará ninguna de las hipótesis ni se verá sorprendido o complacido al comprobar si se cumplen o no. No hará nada de eso porque ya lo sabe todo.

Lo anterior explica que muchas narraciones que basan su atractivo en una estructura formulaica, en la creación de fuertes expectativas, o en el uso de ganchos constantes y sorpresas sin fin, dejen de interesar cuando ya se han visto una vez. Es muy difícil dejar de ver una serie como *Homeland* debido a los ganchos y recompensas inmediatas, pero también es muy fácil olvidarse de ella al día siguiente. Las obras que no se basan exclusivamente en el factor sorpresa sino que, además, construyen con delicadeza cada pieza de su relato, soportan una revisión y una re-visión, como los libros que no se sostienen en un truco argumental, sino que son sólidos en todo su recorrido. *Vértigo,* de Hitchcock, contiene elementos de sorpresa fundamentales en una primera visión, pero la película sobrevive a ellos y puede ser vista decenas de veces. Una de las diferencias entre los *bestsellers* y las novelas clásicas, digamos, por ejemplo, *En busca del tiempo perdido*, es que a casi nadie le apetece volver a leer una novela de intriga espectacular, pero los lectores de Proust disfrutan con cualquier párrafo abierto al azar. De hecho, se puede definir un clásico como aquel relato que podemos leer una y otra vez, porque siempre encontramos algo nuevo, a veces un detalle o una nueva interpretación; otras, una emoción. Hay relatos, como la *Ilíada* o la *Odisea,* que sobreviven después de siglos y milenios, a pesar de que ya sepamos de memoria lo que va a pasar a cada momento: nos gusta volver a descubrirlo, como a los niños pequeños les gusta que les cuenten el mismo cuento e incluso el mismo pasaje una y otra vez. ¿Por qué sucede?

Son muchas las razones, pero una de las más importantes consiste en que, aunque ya se conozca el relato, su lógica permanece: percibimos esa lógica y en nuestra segunda visión o relectura nos sentimos recompensados al advertir cómo las piezas encajan, al tener que admitir que lo que va sucediendo tiene sentido narrativo; incluso a veces disfrutamos más precisamente porque sabemos qué es lo que va a suceder.

Por eso, como ya dije en *Las paradojas del guionista*, un relato debe superar a su autor, desbordarlo. Los esquemas de pulsos, las herramientas y los recursos narrativos (de los que se ofrece una abundante selección en la segunda parte de este libro) son fundamentales para que convirtamos esas dispersas *historias* en poderosos *relatos*, pero el verdadero secreto no está en los pulsos, sino en la manera en la que se cuentan los pulsos. A menudo, incluso, lo más importante es precisamente lo que no está en los pulsos, conclusión paradójica que espero explicar más adelante.

Lo que distingue a un buen narrador es que cualquier momento, escena o situación puede ser una excelente excusa para crear gran arte. En vez de fiarlo todo a una estructura o a una trama llena de recompensas inmediatas y de ganchos fáciles, que solucionen sus carencias narrativas a base de golpes de efecto, disfruta contando cada pequeño detalle. Ya dije en *El guión del siglo 21* que las continuas digresiones de Homero en la *Ilíada* o la *Odisea* son posibles porque cualquier momento del relato es importante para él:

> Homero es un narrador que está tan seguro de lo que cuenta que no necesita usar trucos estructurales para mantener el interés del oyente o del lector. Si tiene que desviarse en el momento de la crisis o el clímax, lo hace; si cree necesario que el oyente o el lector conozca el origen de algo, lo hace. Su poderosa narración sobrevive a esta falta de trucos.

Compare esa capacidad homérica con la de muchos de los narradores de las nuevas series de televisión, pero bien podríamos mencionar a Martin Scorsese, Francis Ford Coppola, Ernst Lubitsch, Federico Fellini y tantos otros cineastas que no solo construyen tramas, a veces fascinantes, sino que se plantean cada escena como un desafío creativo. Es cierto que a veces se equivocan y que incluso en ocasiones se despistan o descuidan, pues ya decía Horacio que a veces incluso el buen Homero dormita, pero añadía: «Mas en una obra grande cabe un sueño ligero».

En definitiva, en terminología de Kant, para un buen narrador las escenas o las diversas situaciones de un *relato* no son medios para completar un fin, que sería la trama o el argumento, sino que son un fin en sí mismas. Cada escena merece toda su atención: no se limitan a contar *esto* porque así podemos llegar a *aquello*, sino que deciden que *esto* debe valer por sí mismo. No lo escriben porque esté en el esquema de pasos, en la trama o en el tratamiento secuenciado, sino porque les gusta escribir algo que valga la pena. No están obsesionados por el *qué* (qué deben contar) sino que le prestan la misma o mayor importancia al *cómo* (¿cómo podría yo contar esto?).

Eso es lo que hace, como ya dije antes, que nos guste volver a ver algo que ya sabemos adónde nos va a llevar, que disfrutemos de las digresiones como Mathew Weiner, de escenas desconectadas en cualquier trama reconocible, como en *House of Cards*, o de capítulos enteros que se desvían, como sucede en varias ocasiones en *Los Soprano* o en *Breaking Bad*, por ejemplo en el célebre episodio dedicado a la caza de una mosca por parte de Walter White.*

En el próximo capítulo analizaré algunas de las razones que contribuyen a que un relato resulte interesante, más allá de los esquemas y las herramientas de trabajo del guionista, incluso a pesar de que ya lo hayamos visto y ya conozcamos todos sus trucos.

* Es el episodio 10 de la tercera temporada, «Mosca».

El guionista ante el mundo audiovisual

La mirada interior

Cuando nos disponemos a escribir un guión a menudo solemos apartar lo que tiene que ver con nosotros y solo pensamos en lo que hemos visto en otros guiones o películas, o en algo que no tiene nada que ver con nosotros, que quizá ni siquiera nos interesa demasiado pero que nos parece «cinematográfico». Sin embargo, lo único que es único es lo que nosotros mismos hemos vivido y nuestra propia visión acerca del mundo. Por eso, cuando se trata de crear algo nuevo, no conviene que nos alejemos demasiado de nosotros mismos. Debemos permitirnos interferir en todo lo que hacemos, en vez de buscar una especie de objetividad que al final consiste en repetir algo que ya todo el mundo conoce.

De hecho, aunque no seamos conscientes de ello, es casi inevitable que estemos presentes en todo lo que contamos. Akira Kurosawa, que empezó imitando lo que había visto en el cine americano pero que poco a poco fue encontrando su propia voz, decía que «en la ficción es más difícil mentir y esconderse a sí mismo». Kurosawa se había dado cuenta de que a partir del éxito internacional de *Rashomon* casi todos los personajes de sus películas eran un retrato de sí mismo, aunque no fue consciente de ello hasta mucho tiempo después. A mí me sucedió algo parecido cuando descubrí mi implicación personal en los cuentos que escribí durante la adolescencia, algunos en noches de inspiración e insomnio. Varios de ellos transcurrían en lugares de Asia, tal vez China, Tailandia, la India; otros en apartamentos de una ciudad europea, otros en una guerra futura en la que ejércitos de clones atravesaban el Rhin, lugares, por supuesto, que yo ni siquiera conocía. A pesar de todos aquellos escenarios y personajes imaginarios, años después advertí una característica común en esos cuentos, algo en lo que nunca había reparado al escribirlos: en todos ellos el protagonista era un ser solitario y apartado de alguna manera de los demás. Lo mismo que a Kurosawa me sucedió a mí con todos aquellos personajes que vivían en ciudades lejanas y en tiempos futuros, pero que de alguna manera reflejaban mi carácter solitario y mi aislamiento social.

Michael Rabiger, autor del que muchos consideran el mejor libro dedicado a la creación de documentales, recomienda que investiguemos en el mundo exterior, tarea fundamental para un documentalista, pero que también nos investiguemos a nosotros mismos, que lleguemos a conocernos, que detectemos qué cosas nos interesan y nos preocupan de verdad. Aunque parezca sorprendente, a menudo la persona que menos conocemos somos nosotros mismos. Rabiger propone varios métodos para lograr conocernos mejor, convencido de que así nuestros relatos tendrán algo que los haga únicos y diferentes, porque aunque todos podemos imitar algo que hemos visto, lo que cada uno ha vivido es propio y personal. Sugiere que observemos y anotemos nuestros sueños, porque eso nos permitirá descubrir cosas que se repiten y que, por tanto, nos interesan o nos preocupan, pero también propone métodos de introspección como «el inventario personal» y el «proyecto alter ego».

> Comience por elaborar un inventario, sin hacer juicios de valor, de las experiencias que más le han conmocionado, con el fin de descubrir y determinar sus verdaderas preocupaciones y conflictos internos... Aunque opine que, de antemano, conoce bien los temas que le preocupan, trate de hacer el inventario de todas maneras –y tal vez se lleve una sorpresa–. Si se afronta con honradez este proyecto, puede revelar qué acontecimientos le han servido de formación, y al saber de su existencia, puede que se vea impelido a explorar las consecuencias subyacentes.

Rabiger recomienda que dediquemos a este ejercicio media hora, recluyéndonos en algún lugar en el que podamos tener intimidad y soledad. En mis clases de guión y de literatura, cuando propongo este ejercicio a los alumnos, les dejo salir de la clase para buscar ese lugar apartado y allí anotar brevemente diez o doce experiencias. Puede tratarse de momentos en los que «se sintió conmovido (de alegría, de rabia, de miedo, de pánico, de enfado, de angustia, amorosas...)». Después, dice Rabiger, deben organizarse esas experiencias en dos o tres grupos, poniendo un nombre a cada uno de ellos. La tercera fase del ejercicio consiste en examinar esas experiencias como si fueran de otra persona, intentando encontrar rasgos comunes y «una cierta visión del mundo, que se desprende de estas experiencias».

En su *proyecto alter ego*, Rabiger recomienda hacer una lista de personas que hayamos conocido y que hayan ejercido influencia sobre nosotros. Es algo que yo también he hecho a menudo, como cuando inicié una serie de reflexiones que titulé «Cosas que he aprendido de...», imitando, no el método de Rabiger, al que todavía no conocía, sino algunas meditaciones del emperador Marco Aurelio en las que recuerda y agradece a sus maestros, amigos y familiares todo lo que ha aprendido de ellos. En esos textos intento recordar lo que he aprendido, desde un punto de vista intelectual, ético y emocional, de amigos, familiares e incluso ilustres o anónimos desconocidos, desde mi padre o mi madre a Jesucristo, desde Aristipo a Buda o Demócrito. También he mencionado esas y otras influencias en varios de mis libros, porque siempre las tengo muy presentes.

Con los recuerdos y la lista de personajes que han influido en nosotros, dice Rabiger, escriba «un perfil de sí mismo todo lo veraz que pueda», sin preocuparse de definir lo que es uno mismo, sino intentando «dibujar un retrato activo y provocativo de lo que está buscando y de su manera de proceder en la vida». Incluso recomienda que no se intente ser por completo realista y que se emplee la imaginación «como si se tratara de un personaje de ficción». Finalmente, concluye: «Trate de imaginar qué tipo de trabajo podría desempeñar esa persona». En el próximo apartado veremos que eso es precisamente lo que hicieron muchos de los creadores de las nuevas series de televisión.

Hombres difíciles en serie

> Lo que aprendí en los clubes fue que los mejores monólogos eran los que reflejaban un punto de vista. Tener un punto de vista era un elemento necesario para que las voces fueran originales.
>
> Chris Albrecht*

Quizá el lector piense que tiene poca utilidad conocerse a sí mismo para escribir, porque el dominio del escritor y guionista es la imaginación. Raramente alguien escribe una película o una serie contando su propia vida. Sin embargo, toda buena ficción contiene partes de la vida de su autor. En primer lugar porque los guionistas echamos mano de todo tipo de experiencias, propias y ajenas, para dotar de singularidad y realidad nuestros relatos: es frecuente que nuestras amistades nos reprochen el haber utilizado un detalle privado o incluso íntimo al atribuírselo a un personaje.

Un ejemplo reciente que muestra cómo la vida de cada uno hace que aparezcan relatos nuevos que no son copias de lo audiovisual, sino el traslado al medio de lo que no estaba ya en el medio, son muchas de las nuevas series de televisión de Estados Unidos. Brett Martin ha podido escribir un libro entero dedicado a series como *Los Soprano, Mad Men, Deadwood, The Wire* o *Breaking Bad* en el que sostiene la tesis de que todas esas producciones tienen en común que están protagonizadas por hombres difíciles, hombres casi siempre en la crisis de los cuarenta o cincuenta años, que no acaban de saber relacionarse con el mundo, con la familia, con las mujeres o con su trabajo. No solo tienen esas características personajes tan diferentes como Tony Soprano, Walter White y Don Draper, sino, lo que es más importante y que apunta en la dirección del *inventario personal* y el *alter ego* de Rabiger, la crisis de los personajes es el reflejo de la crisis de sus creadores, de David Chase, Mathew Weiner o Vince Gilligan, como el propio creador de *Breaking Bad* reconoce:

* Consejero delegado de HBO, responsable de la contratación y puesta en marcha de series como *Oz, Sexo en Nueva York, Los Soprano* o *The Wire.*

> Yo estaba a punto de cumplir los cuarenta. Ya estaba pensando que iba a sufrir una crisis de los cuarenta infernal, así que me dije: ¿Por qué no crear una historia sobre un tipo que tiene una crisis al final de su vida?*

Mathew Weiner admite que también él estaba en medio de una crisis existencial cuando escribió *Mad Men*. Como su protagonista, Don Draper, él había triunfado, pero no podía evitar sentir que todo eso no tenía ningún sentido. Fue entonces «cuando escuchó la voz de su personaje»: «Tenía treinta y cinco años; trabajaba en una comedia de televisión; estaba en el puesto número nueve... había 300 personas con ese trabajo en el país y yo era una de ellas. Tenía tres niños, y... una vida increíble. Y pensaba: ¿Qué me pasa? ¿Por qué no soy feliz?»**.

A pesar de las indudables semejanzas entre Weiner y Draper, el creador de *Mad Men* confiesa que quien realmente refleja su personalidad es Peggy Olsen, y que es muy posible que en Draper haya mucho de David Chase, a cuyas órdenes trabajó Weiner en *Los Soprano*. También uno de los creadores de *Daños y prejuicios* (*Damages*), Todd A. Kessler confiesa la influencia de su vida personal en la serie: la manipuladora Patty Hewes es ni más ni menos que David Chase, y la manera en la que Hewes despide a uno de sus empleados en el primer capítulo de la serie se basa en un momento similar que vivió Kessler, cuando Chase le despidió precisamente el día en que había sido nominado (Kessler) para los Emmy por un capítulo de *Los Soprano*. En cuanto a los personajes de David Milch (*Deadwood, Luck, John from Cincinatti*) y de Aaron Sorkin (*Newsroom, El ala oeste de la Casa Blanca, Studio 60*) al parecer son tan elocuentes como lo son sus creadores y, al menos en el caso de Milch, bordean o se precipitan en lo extremo.

La copia de la copia

Platón decía que el arte no debe imitar la realidad, porque la realidad

* Declaraciones de Vince Gilligan en el programa «Sala de guionistas: *Breaking Bad*».
** Brett Martin, *Hombres fuera de serie*. Ariel, 2014.

es una copia del mundo de las ideas o arquetipos; en consecuencia, si el artista imita el mundo que le rodea lo que hace es copiar una copia de una copia. No hace falta compartir el idealismo de Platón para darse cuenta de que muchos de los guionistas, directores y cineastas actuales se dedican a hacer copias de copias, porque, en vez de imitar la realidad o su propia fantasía, lo que imitan es la vida contada por el medio audiovisual. No solo sitúan sus relatos en estructuras forzadas como el paradigma de Field, haciendo que los acontecimientos narrativos pierdan su propia lógica y se adapten a plantillas y modelos definidos previamente, sino que, además, toman su imaginería y su manera de mostrar las cosas de modelos que han visto en las series de televisión o en las películas del cine. André y Maria Jacquemetton, guionistas de *Mad Men* señalan que el mayor problema de los nuevos guionistas es que «escriben cosas que nunca han experimentado, y eso se nota», y recomiendan a sus colegas que salgan a la calle a investigar: «Si vas a escribir sobre un fontanero, vete a ver a un fontanero»*.

Una de las razones que han hecho menos atractivo el cine de las últimas décadas ha sido no que tenga poco que ver con la vida, sino que tiene demasiado que ver con la representación audiovisual: lo que vemos en el cine no nos recuerda algo que hemos vivido o imaginado, ni nos ofrece algo nuevo o desconocido, sino algo que ya hemos visto en otras películas. Sin embargo, un gran narrador no es aquel que se limita a imitar los diversos modelos y tendencias del audiovisual dominante, sino el que es capaz de trasladar al mundo audiovisual lo que no está todavía en ese mundo. Carlos Saura definía a Luis Buñuel como uno de los pocos directores que además eran creadores de nuevas imágenes; Fellini, otro gran creador de imágenes, añadía que Buñuel había logrado trasladar al cine el lenguaje del mundo de los sueños. Un guionista debería hacer lo mismo, aunque con las herramientas propias de la escritura: transformar en materia cinematográfica o audiovisual lo que todavía no lo es.

* Alberto Pérez Castaños en *Bloguionistas*.

Eso que no está en el mundo audiovisual debe buscarse en otros lugares, como es obvio; mirando hacia fuera, hacia el mundo exterior al audiovisual, más allá de las pantallas de cine, ordenador o televisión; mirando hacia dentro, hacia el mundo interior del guionista; mirando hacia lo que no existe, hacia el mundo de lo imaginario, que suele ser una combinación inesperada de cosas conocidas situadas en contextos nuevos. De este modo podrá compensar la atención obsesiva hacia lo audiovisual como única fuente de inspiración, una atención que ni mucho menos desaconsejo (en gran parte, *Las paradojas del guionista* se ocupa de ese asunto), pues un guionista debe conocer el medio para el que trabaja. Pero esa atención debería mantenerse en sus justos límites, para no dedicarnos tan solo a ofrecer reflejos de reflejos, sombras de sombras, luces tomadas de otras luces, como cuerpos lunares que resplandecen con luz robada.

La mirada audiovisual

Un guionista, en definitiva, debería dedicar gran parte de su tiempo y de sus energías a mirar fuera del mundo audiovisual, es decir, no limitarse a copiar lo que ve en formato audiovisual (películas, series y programas de televisión o contenidos alojados en Internet), sino observar el mundo interior, el mundo exterior y los mundos múltiples de la fantasía y la imaginación.

Ahora bien, aunque la inspiración pueda venir de cualquiera de esos mundos, la mirada debe ser audiovisual, porque un guión no es una novela, ni un cuento, ni un cómic, ni una canción o una ópera, ni una obra de teatro.* Un guión se escribe para un medio diferente, con reglas y características diferentes, que deben ser conocidas por el guionista. Dos de sus características más importantes, quizá las fundamentales, suelen ser descuidadas por los guionistas. Me refiero a su naturaleza secuencial y a su carácter audiovisual (auditivo y visual).

* Como mostré con detalle en *Las paradojas del guionista,* al hablar de las semejanzas y diferencias entre el audiovisual y otros artes narrativos, sonoros o visuales.

El carácter secuencial del cine nos obliga a contar las cosas de diferente manera a como lo haría un novelista y a pensar no solo en las escenas y secuencias, sino en la conexión entre ellas y en las relaciones que inevitablemente se establecen entre lo que vemos y lo que escuchamos. Por otra parte, a semejanza de un medio secuencial como el cómic, pero a diferencia de un medio audiovisual como el teatro, en la siguiente escena de una película, e incluso en el siguiente plano, puede suceder literalmente cualquier cosa. Mientras que en el teatro estamos hasta cierto punto limitados por las características del escenario y la verosimilitud impuesta por un espacio en el que el espectador tiene que poner a funcionar su imaginación, en el cine podemos mostrar un segundo después de una explosión en un barrio de Roma a un hombre hablando por teléfono en una oficina de Hong Kong, a un caballo corriendo por las praderas de Missouri o a un tiburón acercándose a una playa de una isla caribeña. La secuencialidad, en consecuencia, no se limita al hecho de que contamos con segmentos separados, sino que además esos segmentos no están sometidos a ninguna limitación espacio-temporal. La única limitación es la del presupuesto.

Es obvio que hay ciertas características de esta secuencialidad, como las decisiones acerca de la sucesión de planos y contraplanos, el encuadre o ciertos movimientos de cámara, que suelen quedar en manos del director, pero el guionista tiene mucho que decir en la secuencialidad relacionada con la sucesión de escenas e incluso en muchas ocasiones también dentro de la escena.

El plano y contraplano en una escena, el movimiento de la cámara y el momento del corte en una toma, a menudo se establece desde el guión de manera implícita, porque el guionista puede influir en el tipo de realización sin que el director lo advierta. Si escribimos una escena de la siguiente manera:

EXT. PUERTA DE LA CASA – DÍA

Juan se acerca a la puerta, llama al timbre, golpea con los nudillos, espera en silencio, vuelve a golpear preo-

```
cupado, acerca la mano al pomo y, tras un momento de
duda, lo hace girar, empujando la puerta, que se abre.
```

El director o el realizador probablemente visualizará el texto anterior como un plano secuencia, sin corte. Sin embargo, si escribimos lo mismo, pero con puntos en vez de comas la cosa cambia:

EXT. DÍA – PUERTA DE LA CASA

```
Juan se acerca a la puerta. Llama al timbre. Golpea con
los nudillos. Espera en silencio. Vuelve a golpear. Su
rostro muestra una gran preocupación. Acerca la mano
al pomo. El pomo brilla tentador. Duda, sin saber qué
hacer. Hace girar el pomo. La puerta se abre.
```

En esta ocasión, es probable que el director haya «visto» planos muy diferentes, unidos por corte, entre ellos un primer plano del rostro de Juan preocupado y otro de Juan dudando; casi seguro habrá imaginado un plano detalle o inserto del pomo de la puerta, otro de la mano de Juan girando el pomo, etcétera.

El anterior es un ejemplo trivial, un pequeño truco de guionista que quiere influir en el director sin que parezca que se mete en su terreno, pero otras veces el guionista puede proponer de manera explícita un movimiento de cámara, como hace William Goldman con su indicación técnica favorita «Hacia atrás para mostrar» *(«Pull back to reveal»),* indicación que los directores en ocasiones aceptan y otras rechazan. Al comienzo de *Poder absoluto* hay un *«hacia atrás para mostrar»* en el guión:

INT. MUSEO DE WASHINGTON – DÍA 1

```
Los ojos más tristes que nunca has visto.
Estamos viendo una pintura de El Greco. Es un estudio
de una de sus pinturas.
```

```
HACIA ATRÁS PARA MOSTRAR
Un grupo de estudiantes de arte están haciendo bocetos
de los ojos, los alargados dedos, las mustias manos que
El Greco dibujó de manera tan brillante. Muchos de los
estudiantes tienen unos 20 años. También hay un par de
amas de casa. Y un anciano.
```

En este caso, el director (Clint Eastwood) prefirió que la cámara recorriera una pintura de El Greco y después saltara por corte a otros cuadros del museo y, finalmente, también por corte, a la sala en la que se ve a los estudiantes, las amas de casa y el anciano, que es el propio Eastwood, ahora como actor. A pesar del cambio en la realización, la escena escrita por Goldman sigue ahí, con sus pinturas y su contraste entre los jóvenes y el anciano solitario. A pesar de los muchos cambios que se producen entre el guión escrito y la película, casi todas las escenas han sido decididas por el guionista y muchas de las características de su mirada audiovisual y secuencial sobreviven hasta el final.

Otras voces, otros ámbitos… también audiovisuales

El mundo audiovisual es fascinante, no cabe ninguna duda, y nos atrae con una fuerza que quizá no está al alcance de los otros medios. Por otra parte, la información en formato digital, sea audiovisual o no, representa ya el 98 por ciento de toda la información existente, así que resulta imposible escapar a su influencia: gran parte de nuestra vida intelectiva y emocional transcurre en espacios virtuales, en las «virtualidades» de las que hablaba Ted Nelson. Ahora bien, si nos limitamos a la ficción televisiva y cinematográfica, podemos encontrar muchas cosas que no están en ella: nuestras propias experiencias diarias, la relación con nuestros amigos y familiares, las anécdotas que nos han contado, incluso contenidos audiovisuales en forma de noticias y reportajes que podemos trasladar de alguna manera al mundo de la ficción (o de la no ficción, claro). También están las novelas, los cómics, las historias reales o imaginarias.

Y, por supuesto, tenemos la posibilidad de revisitar la ya larguísima historia audiovisual, recuperando lo que se había olvidado y actualizando antiguas maneras de narrar o de mostrar las cosas. En *El guión del siglo 21* me referí a las influencias que confesaban los creadores de las nuevas series, quienes, en vez de referirse a las últimas novedades de éxito, se remontaban a los años sesenta o setenta, o mencionaban el teatro griego o a Homero. A modo de ejemplo, podemos recordar algunas de las películas que influyeron en el creador de *Mad Men*, Mathew Weiner, y que fueron de visión obligada para su equipo de guionistas:

Con la muerte en los talones: Weiner ha declarado más de una vez que su serie cuenta la vida habitual de esa agencia en la que trabaja Roger Thornill (Cary Grant) en la película de Hitchcock.

El apartamento, de Billy Wilder.

Les bonnes femmes (1960), de Claude Chabrol.

Patterns (1956) de Fielder Cook.

Querido corazón (1964), de Delbert Mann, que inspiró según Weiner el inicio de la serie por su personaje protagonista.

Vértigo, de Alfred Hitchcock, sobre todo por su belleza.

Despedida de soltero, de Delbert Mann y con guión de Paddy Chayefsky, uno de los grandes guionistas de la televisión de los años cincuenta y del cine hasta los ochenta, que habían sido casi olvidados, a pesar de haber ganado tres Óscar.

Mujeres frente al amor (1959), de Jean Negulesco.

La americanización de Emily, de Arthur Hiller y también con guión de Chayefsky.

Blue Velvet (1987) de David Lynch, la única película que no es de finales de los cincuenta o de los sesenta, pero que se sitúa en aquellos años.

Muchas de estas películas servían para documentarse acerca de la época de *Mad Men*, pero, según declara Weiner, todas ellas mostraban también una forma de narrar y de ver el mundo muy diferente a la que hasta hace poco era habitual en el cine y la televisión. El sexto episodio de la sexta temporada de *Mad Men* «Lugares lejanos», tuvo como inspiración la película francesa *El placer*, de Max Ophüls (que a su vez era la adaptación de varios cuentos de Guy de Maupassant). El episodio se divide en tres partes, en forma de antología, con relatos independientes, conectados por el tema y por conexiones leves entre los tres personajes, pues la acción ocupa un día en la vida de Don Draper, Peggy Olsen y Roger Sterling, con la particularidad de que se acentúa el punto de vista de los personajes, que en sus respectivos segmentos siempre están presentes en todas las escenas. Es una muestra de que también en el audiovisual se pueden encontrar inspiraciones que nos llevan a contar las cosas de manera diferente a lo que estamos acostumbrados, en este caso tomando elementos de una estructura inusual, con tres actos explícitamente separados, pero no en planteamiento, desarrollo y desenlace, sino para distinguir tres historias diferentes. Y por cierto, los cortes a publicidad de la cadena AMC, que coincidían con el final de cada una de las historias, en este caso, supusieron un problema que causó muchos quebraderos a Weiner y a su equipo, pues no querían que los espectadores tuvieran la sensación, al ver que la nueva historia comenzaba en el mismo día pero con un personaje nuevo, de que se habían perdido algo.

¿Todo significa algo?

Otra obsesión o monomanía que se observa a menudo en las recomendaciones de los expertos en guión, y en el trabajo de los propios guionistas, es la búsqueda obsesiva del significado: el guionista ya no se conforma con tener una buena historia que contar sino que además quiere saber qué significa o, si se trata de una obra ajena, qué ha querido decir el autor. Se trata, sin duda, de cuestiones interesantes, pero quizá más adecuadas para un crítico literario o cinematográfico o incluso para un espectador al salir del cine. También, por supuesto, se las puede hacer un guionista, pero eso no nos obliga a aceptar la creencia tan extendida de que si se logra dar con el significado de algo se habrá entendido cómo se escribe o cómo se debe escribir un guión, o cómo y por qué un guionista en concreto escribió su guión. Recordemos la respuesta que dio Goethe cuando Eckerman le preguntó cuál era el significado de su *Fausto:*

> ¡Como si yo lo supiera!, ¡como si yo mismo pudiera saberlo! Partir del cielo, pasar a través de la tierra y llegar al infierno. He aquí una explicación si usted se empeña en buscar una; pero eso no es una idea, sino el desarrollo de la acción.

Goethe, que no era ni mucho menos un escritor al que no le interesara reflexionar acerca de sus libros, ignoraba cuál era el significado de su *Fausto*, una obra a la que dedicó cincuenta años de su vida. Las dudas de Goethe deberían ponernos en guardia, pero además podemos preguntarnos: ¿Estamos seguros de que el *Fausto* o cualquier obra tiene un único significado? Las obras, al menos las buenas obras, tienen muchos significados y muchos de ellos son ignorados por su autor.

En otras ocasiones se confunde la descripción con la comprensión y se desglosa la trama de una película en función del protagonista, de la trama, de la trama de relación, de la trama del antagonista, etcétera, como se propone en el sistema de *software* para guionistas Dramatica, a lo largo de fatigosas enumeraciones que explican muy poco acerca de los verdaderos hallazgos de los guionistas y que, además, no prestan ninguna atención al verdadero protagonista, que, como ya sabemos, es el espectador.

Breve defensa de lo innecesario

En la segunda parte de este libro mi intención es ofrecer un compendio de las principales técnicas y recursos narrativos que un guionista tiene a su disposición, pero, antes de que el lector comience a leer las páginas dedicadas a los mecanismos causales, me atreveré a hacer una defensa de la *acausalidad* como técnica narrativa.

A primera vista puede parecer absurdo considerar una técnica narrativa la *acausalidad* o *no causalidad,* es decir la ruptura de la sucesión de causas y efectos, pues lo que define a cualquier *relato* es que se trata de una cadena de causas y efectos fabricada por el narrador. Sin embargo, al hablar de *acausalidad* no me refiero a que no existan causas y efectos en lo que se cuenta, sino a que el espectador no perciba el relato como un simple y previsible artilugio mecánico. Como dije en *Las paradojas del guionista,* un buen narrador debe llevar de la mano al espectador, pero también hacerle sentir que es libre. Es por eso por lo que conviene emplear nuevas maneras de contar las cosas, salirse de lo recomendado por los manuales al uso y las películas y series más convencionales, inventar nuevos trucos, aunque se trate de variaciones de trucos ya olvidados, como hacen los buenos prestidigitadores al actualizar los viejos trucos de Houdini y los primeros maestros del engaño.

Como es obvio, todo lo que sea evitar la imitación servil de las fórmulas convencionales, ya se trate de estructuras en tres actos reparadoras o viajes del héroe al uso, ayudará a romper la previsibilidad y evitará que el espectador descubra con demasiada claridad el mecanismo de causas y efectos. David Chase recomendaba a sus guionistas escribir, al menos de tanto en tanto, situaciones, acciones o diálogos que no condujesen a nada, para que el espectador no reaccionase siempre como un perro de Pavlov ante cada estímulo narrativo. Al descubrir que algo puede suceder simplemente porque sí, sin tener consecuencias, sin ocultar ningún significado y sin que sirva para colocar una pieza narrativa posterior, el espectador rebaja su instinto inquisitivo, su búsqueda de recompensas inmediatas, y comienza a disfrutar de lo que está viendo simplemente porque le gusta lo que está viendo. El creador de *House of Cards,* Beau Willimon, también usa esta técnica cuando incluye escenas que no juegan ningún papel fundamental en la trama de un episodio, pero que ayudan a profundizar en la psicología de los personajes, o simplemente a hacer más denso e interesante el mundo en el que viven.*

---

* Describo un ejemplo de *House of Cards* en este sentido en la entrada «Estructura», en la segunda parte de este libro.

La paradójica consecuencia de los ejemplos anteriores es que lo innecesario puede ser muy necesario si queremos lograr que nuestro relato parezca más verdadero y que el espectador sienta, al menos por un momento, que está viendo algo *real*, incluso aunque se trate de una obra de pura fantasía con marcianos de color verde. Es cierto que podemos, y casi siempre debemos, construir nuestro relato siguiendo métodos como el esquema de pasos, que nos permiten entenderlo, descubrir las conexiones y relaciones entre sus diversas partes y advertir sus puntos fuertes y sus puntos débiles, pero no hay que olvidar que se trata tan solo de un método que nos ayuda en el trabajo de transformar una *historia* (real o imaginaria) en un *relato* que valga la pena. Ahora bien, cuando ya estamos en posesión del relato, debemos, como un ladrón que entra en una casa ajena, deshacernos de la escalera, para evitar que los guardias (los espectadores) la vean allí plantada contra la fachada. Debemos ocultar nuestras pisadas, borrar las huellas y lograr que nuestra presencia como artífices secretos no sea detectada; ocultar, como vimos que recomendaba Billy Wilder, los puntos de giro, los trucos más obvios, las relaciones de causa y efecto más evidentes, la sensación de previsibilidad. Del mismo modo que al seleccionar y ordenar la historia para construir nuestro relato hemos ocultado momentos de la historia, siguiendo tal vez la teoría de la iluminación de Henry James*, evitando iluminarlo todo con una luz trivial, ahora podemos aplicar una segunda destilación a nuestro *relato* y decidir si no quedan demasiadas cosas obvias todavía, o si podríamos añadir alguna ambigüedad o desdibujar un trazo demasiado grueso, si no convendría incluso eliminar algún pulso narrativo y con ello dar más interés al relato; en definitiva, si podemos romper de alguna manera el férreo mecanismo de causas y efectos. Se trata, por tanto, de una de las más hermosas paradojas del trabajo del guionista: situar en su preciso mecanismo de causas y efectos un oasis en el que las leyes narrativas parecen suspenderse.

---

* La teoría de la iluminación de James es precisamente una de las técnicas que se incluyen en la segunda parte de este libro.

Lo único que importa es lo superfluo

James Wood encuentra en la *Ilíada* de Homero un primer ejemplo del detalle concreto que parece innecesario pero que, precisamente por ello, trasmite una gran sensación de vida. Sucede cuando el héroe Áyax compite en una carrera por las armas de Aquiles y está a punto de obtener la victoria:

> Ya iban a coger el premio, cuando Áyax, corriendo, dio un resbalón en el lugar que habían llenado de estiércol los bueyes mugidores, y el héroe llenose de boñiga la boca y las narices. El divino y paciente Ulises le pasó delante y se llevó la crátera.*

Al ver a un héroe tan imponente y soberbio como Áyax resbalando en el estiércol, uno solo puede pensar que aquello tuvo que suceder, pues ¿quién se inventaría una cosa semejante? Platón ofrece ejemplos similares en muchos de sus diálogos socráticos, como en el *Cármides*, cuando Sócrates se interesa por conocer a un joven del que su amigo Critias le ha contado maravillas, tanto por su inteligencia como por su belleza. Llaman al muchacho y es entonces, al entrar Cármides en el gimnasio y dirigirse a Sócrates y Critias, cuando se produce otro de esos momentos en los que un detalle innecesario nos transmite inmediatez y realidad:

> Cármides se aproximó y fue motivo de regocijo, pues cada uno de nosotros, de los que estábamos sentados, cediendo el sitio, empujaba presuroso al vecino, para que él, Cármides, se sentase a su vera. Y al final, de los que estaban en los extremos, el uno tuvo que levantarse y al otro le hicimos caer de costado.

* A este efecto literario Wood lo llama *hecceidad* («lo esto», la *esteidad* o lo absolutamente propio y concreto de una cosa, situación o persona): «Por *hecceidad* entiendo el estiércol de vaca en el que resbala Áyax cuando corre en los juegos funerales en el libro XXIII de la *Ilíada*» (James Wood, *Los mecanismos de la ficción*. Gredos, 2009).

Es casi una escena de cine mudo, de aquellas en las que uno de los personajes se levanta del extremo de un tablón y hace caerse al suelo al que estaba sentado en el otro extremo: lo innecesario de la anécdota, en un diálogo en el que el propósito es hablar de la belleza, nos trasmite la sensación de que aquello tuvo que suceder tal como lo cuenta Platón (lo que es bastante improbable, por cierto).*

Un ejemplo audiovisual de atención al detalle innecesario se puede encontrar en la película *Bullit*, cuando vemos al detective interpretado por Steve McQueen conduciendo su coche en un amanecer por las calles vacías de San Francisco. Aparca junto a la acera, sale del coche, cierra la puerta del coche con llave, cruza la calle, se detiene junto a una máquina expendedora de periódicos, busca en sus bolsillos y se da cuenta de que no lleva monedas, mira discretamente si nadie le está observando y da un golpe seco en la máquina para hacer saltar el seguro y llevarse un periódico sin pagar. Después entra en una tienda de barrio, elige algunos manojos de verdura, mira la portada del periódico por un momento, abandona el periódico en un estante, se dirige a la zona de congelados y carga con cuatro o seis grandes paquetes variados, sale de la tienda, cruza de nuevo la calle y entra en su casa, sube la escalera, y guarda los congelados en su nevera, situada en un pasillo entre dos pisos.

Si juzgásemos esta escena desde los parámetros de muchas de las teorías de guión dominantes, o bajo la aguda mirada de un asesor de guión convencional, encontraríamos demasiados defectos como para darle el visto bueno: no se cumple la regla de entrar tarde y salir pronto, sino que se nos muestra todo con una pereza casi cansina, se crea en el espectador la sensación de que va a suceder algo pero después no sucede nada, y sobre todo no se entiende por qué hay que gastar tanto dinero (en el cine todo cuesta siempre mucho dinero) para vaciar varias calles de San Francisco, iluminar una tienda y planificar varias escenas en interiores y

* El *Cármides*, por cierto, es uno de los pocos diálogos de Platón que está contado en primera persona por el propio Sócrates.

exteriores… ¿y todo eso para qué?, ¿qué significa esta escena?, se preguntarían al unísono el asesor y el productor.*

Sin embargo, ese tipo de escenas, eran frecuentes en el cine de los años sesenta y setenta y es uno de los efectos *acausales* que han recuperado algunas series de televisión recientes. Curiosamente, esas escenas son lo que siguen haciendo interesante hoy en día películas como *Bullit*, más que la trama más o menos artificiosa que quizá nos puede defraudar. Lo mismo sucede cuando vemos *Mad Men* por segunda vez: los *ganchos* narrativos que los asesores y ejecutivos de HBO sugirieron incluir a Wiener son ahora lo que menos nos interesa, porque lo que realmente nos gusta es ver esas escenas en las que los personajes simplemente hablan acerca de sí mismos, en las que contemplan cómo pasa la vida, esas digresiones que Weiner decía que *eran* la verdadera película. David Chase también confesó en una ocasión que cuando logró obtener el poder absoluto como *showrunner* en *Los Soprano* se dedicó a vengarse de todos los años pasados y a rodar todas aquellas escenas «inútiles» que los asesores y los ejecutivos siempre habían tachado en sus guiones.

El guión transparente

El montaje trasparente de Hollywood buscaba conseguir que el espectador se sumergiera en el relato hasta el punto de olvidar el mundo exterior, aunque lo cierto es que pocos espectadores llegamos a ser sugestionados por el artificio narrativo hasta el punto de confundir ficción y realidad, como el gaucho que en el *Fausto* de Estanislao del Campo se asombra al ver que en la ciudad la gente se queda sentada tranquilamente, mientras el mismísimo diablo acecha a una mujer delante de todos ellos (el gaucho, claro, ha entrado en un teatro en el que se representa el *Fausto* de Goethe).

La tarea de directores, actores, técnicos y productores de una película es lograr que el espectador no perciba los artificios audiovisuales desde

* Entre las técnicas narrativas de la segunda parte de este libro se incluyen tanto la regla de entrar tarde y salir pronto (y su relación con *in media res* e *in extrema res*) como la opción aquí descrita: *contarlo todo*. También se presta especial atención a la creación de expectativas.

el punto de vista de la forma, mientras que la del guionista es lograr que tampoco perciba esos artificios desde el punto de vista del contenido narrativo. En realidad, si somos estrictos, toda decisión, técnica o no, formal o funcional, tiene una consecuencia narrativa, porque el guión audiovisual no se limita a eso que escribe un guionista en 100 o 120 hojas, sino que va desde la idea inicial hasta el montaje final: cada decisión de iluminación, realización, vestuario, casting, decorado o montaje es una decisión narrativa. Eso es algo que tienen muy en cuenta los creadores de las nuevas series, cuando toman decisiones con fuerte contenido narrativo que no se limitan al guión escrito. En muchos casos, esas decisiones también contribuyen a la ruptura o atenuación del mecanismo de causa-efecto. Son muchas y muy diferentes, porque lo bueno de la nueva narrativa audiovisual es que no existen dos o tres fórmulas, sino que en cada serie, al menos en los llamados canales Premium, los creadores de la serie y su equipo de guionistas adoptan, prueban y experimentan nuevas técnicas. Mencionaré aquí solo dos o tres ejemplos.

En *The Wire*, David Simon, decidió que la cámara no sería más lista que los personajes o el espectador; es decir que no llegaría al lugar donde iba a tener lugar la acción antes que nadie, como sucede en los montajes veloces de plano y contraplano habituales, en los que la cámara ya sabe quién va a hablar antes siquiera de que al personaje se le ocurra algo que decir. Como es obvio, la cámara lo sabe porque el cámara lo ha leído en el guión. Para atenuar esta presciencia de la cámara, Simon decidió que, al menos en ciertas escenas, la cámara avanzara con los personajes y que, por ejemplo, al escuchar una voz iniciara su movimiento (no antes), como si en ese momento descubriera la presencia de ese personaje.

En *Los Soprano*, David Chase decidió que en las sesiones de terapia de Tony Soprano la cámara no se moviera apenas, para dejar que fuera el espectador el que decidiera qué era importante y qué no. En otras series, el movimiento de la cámara y el tipo de planos sirven con mucha frecuencia para señalar al espectador en qué tiene que fijarse o qué cosas, objetos, acciones o miradas son significativas. De la atención a las miradas de los actores en *Mad Men*, se ha hablado ya en «La vida privada de los personajes»*.

En otras ocasiones la ruptura de lo previsible se logra ocultando deliberadamente información al espectador, una técnica explotada a fondo por Weiner en *Mad Men*, como comentaba el matrimonio Jacquemetton, que después se incorporaron al equipo de guionistas de la serie:

> Durante la primera temporada tenías literalmente la impresión de que te habías lanzado en avión en cada episodio. Constantemente tenías la impresión de haberte perdido un episodio: «En esta historia todo el mundo parece conocer a ese tipo. ¿Yo lo conozco? ¿Salía la semana pasada? No, actúan como si le conociesen porque tienen una vida sin ti».

Poco a poco, tras el pasmo inicial (que hizo que algunos espectadores dejaran de ver la serie al sentirse perdidos), el espectador entendía que los personajes tenían sus propias vidas y que los guionistas, a propósito, no habían querido mostrarlo todo. En especial se evitaban esas típicas escenas en la que los personajes se ponen al tanto el uno al otro de todas sus novedades, para hacer que así se entere también el espectador.

Algo semejante sucede en *Boardwalk Empire*, de Terence Winter (que también fue guionista de *Los Soprano*): los personajes a veces desaparecen de la trama o del escenario principal y, cuando regresan, no siempre se sienten obligados a contarle al espectador ni a los otros personajes qué es lo que han hecho durante su ausencia. En general, en las series creadas por David Chase y sus antiguos colaboradores suele dotarse a los personajes de vidas propias que a veces no conoce el espectador y que a menudo tampoco conocen los otros personajes, lo que confiere a sus relaciones un aspecto de equívoco y ambigüedad que no es frecuente en las series convencionales, en las que unos y otros parecen saber casi todo lo que hacen los demás (excepto aquello que debe mantenerse en secreto por propósitos narrativos evidentes, claro).

---

* Ver la página 34 y siguientes.

Sirvan estos últimos apartados como advertencia, al iniciar la lectura de la segunda parte, para recordar que aunque un narrador dispone de todo tipo de recursos narrativos, de mecanismos, herramientas, trucos y modelos a imitar, también debe recordar que los mejores engaños de un buen prestidigitador a menudo pasan inadvertidos, pero que son los que permiten que disfrutemos de los grandes trucos aparentes y, sobre todo, que deseemos asistir de nuevo a su espectáculo, incluso cuando ya conocemos todos los trucos.

Segunda parte

Técnicas narrativas

Segundas partes... son diferentes

En la primera parte de este libro he intentado mostrar algunos de los errores o al menos simplificaciones en los que ha incurrido la teoría del guión en las últimas tres o cuatro décadas; errores que, en mi opinión, no solo han complicado el trabajo de los guionistas, sino que han contribuido a hacer descender el nivel de exigencia narrativo. Se podría considerar que esa primera parte es el «antimanual» que contiene este libro. Sin embargo, la primera parte no solo se dedica a demoler estructuras, sino que también propone nuevas maneras y métodos que pueden ayudar al guionista en su trabajo y que, además, espero que contribuyan a ayudar a crear una narrativa audiovisual más interesante. Por tanto, las dos partes de este libro no se pueden clasificar sin más en antimanual y manual o negativo y positivo, destrucción y construcción o cualquier par de opuestos semejante.

Pero aunque la primera parte contiene tanto rasgos positivos como negativos, de manual como de antimanual, la segunda parte que ahora comienza sí se ajusta casi de manera exclusiva a ese carácter positivo, al ofrecer todo tipo de consejos narrativos que pueden ser de utilidad a cualquier guionista. Mi intención es describir algunos de los recursos o técnicas narrativas de los que dispone el guionista, mostrando no solo las particularidades de cada uno de ellos, sino también su poder como creadores de estructura. Por otra parte señalaré, siempre que sea conveniente, la manera en la que operan estos mecanismos en la disyuntiva entre el personaje (o la trama) frente al espectador. De este modo, el propósito de esta segunda parte, llamada TÉCNICAS NARRATIVAS, es triple: en primer lugar, proporcionar y recordar recursos narrativos útiles para los guionistas; en segundo lugar, mostrar que casi todos ellos afectan más al espectador que a los personajes, y al *relato* más que a la *historia*, coincidiendo así con la tesis fundamental del libro; por último, demostrar que casi todos estos recursos también son creadores de estructura, porque el hecho mismo de usar un recurso narrativo contribuye a dar estructura a cualquier relato.

El lector encontrará en esta segunda parte más de 50 entradas dedicadas a las diversas técnicas narrativas, aunque se mencionan en el texto probablemente unas 100. Podrían ser más. Sin exagerar, podrían haber sido 200, 300 o quién sabe si 1000, porque son muchísimos los recursos que se han creado o descubierto a lo largo de la historia de la narrativa, ya sea escrita, audiovisual, oral. Además, cualquier recurso narrativo que se descubra en cualquier medio puede ser adoptado y adaptado en el medio audiovisual, traducido, transliterado o transcrito. Las posibilidades son infinitas y muchos de los mejores hallazgos narrativos consisten en lograr trasladar a un medio lo que parecía exclusivo de otro. No obstante, aunque muchos de estos recursos, trucos, herramientas y mecanismos narrativos pueden coincidir con los que emplean los novelistas, cuentistas o dramaturgos, un guionista tiene siempre que tener presente el medio para el que trabaja, un aspecto al que dediqué la primera parte de *Las paradojas del guionista* y todo *El guión del siglo 21*.

Por tanto, no he pretendido (ni habría podido lograrlo) ser exhaustivo y me he limitado a describir algunas de las técnicas o recursos narrativos que me parecen más interesantes, casi todos conocidos (pero a menudo mal entendidos), y otros que yo mismo he imaginado.

También he considerado importante no repetirme, no decir aquí lo que el lector puede encontrar en *Las paradojas del guionista* o *El guión del siglo 21*, porque si hay algo que resulta molesto para un lector es descubrir que está leyendo el mismo libro y además escrito por el mismo autor. Como es obvio, hay asuntos, y en concreto técnicas narrativas, que por fuerza deben repetirse para no dejar cojo este libro, pero siempre que me ocupo de alguna técnica que he mencionado en mis otros libros, lo he hecho añadiendo una cierta variación en el punto de vista y ofreciendo ejemplos diferentes, que puedan resultar útiles a los lectores y que puedan ayudarles en su trabajo. Como *El guión del siglo 21* está dedicado a nuevas narrativas propiciadas por el mundo digital, los ordenadores personales o Internet, la interactividad, la hipertextualidad, la multinarrativa, el trasmedia, el crossmedia, la realidad virtual o los videojuegos, esos asuntos no los he incluido aquí, y prefiero remitir al lector a ese libro. En cuanto a la narrativa en las nuevas series de televisión, que también se trata en algunos capítulos de *El guión del siglo 21*, aquí se enfoca de una manera diferente, aunque pueda haber leves coincidencias aquí y allá.

Como se puede deducir por lo anterior, en la búsqueda de ejemplos casi siempre he intentado recurrir a los que ofrecen esas nuevas series, no porque sean los mejores, sino porque son más recientes y apenas o nunca han sido mencionados en otros libros. Es obvio que de cada técnica narrativa podríamos mencionar extraordinarios ejemplos extraídos de películas como *Ciudadano Kane, El acorazado Potemkin, El apartamento* o *Casablanca*, pero también es obvio que de esas películas se ha dicho ya casi todo o al menos se han dicho muchas cosas muchas veces. En consecuencia, parece más interesante ofrecer ejemplos nuevos.

Por otra parte, los ejemplos no están ahí para legitimar las teorías, sino que los he seleccionado especialmente para que el lector los busque y los vea, pues no siempre es fácil (a menudo es imposible) contar en un texto lo que se ve y oye en una pieza audiovisual. Estoy seguro de que al verlos descubrirá detalles que yo he pasado por alto o entenderá bien algo que yo he explicado mal. Asimismo, esos ejemplos tienen como fin servir de inspiración creativa, de disparador para nuevas ideas.

En cuanto al ordenamiento de todos estos recursos y técnicas narrativas en forma alfabética, lo he hecho así porque mi objetivo es que se puedan consultar fácilmente y que sirvan casi como una especie de catálogo y taller de guión, al que se pueda acudir en momentos de dificultad o de falta de inspiración. Sin embargo, he intentado escribir esta segunda parte de tal manera que se pueda leer como si el ensayo continuara a la manera habitual. Siguiendo uno de los consejos que el lector encontrará en este libro, siempre intento que cada cosa que escribo sea interesante en sí misma, aunque esté situada en una estructura más o menos rígida; también intento evitar ser completamente previsible, por lo que quizá la mejor idea de este libro se encuentre casi escondida en una de esas entradas, o en una nota a pie de página, ¿quién sabe?* Teniendo en cuenta lo anterior, me permito recomendar que se lea esta segunda parte de principio a fin una primera vez y que después se consulte siempre que se quiera, de manera aleatoria o no.

Supongo que no hace falta señalar, por otra parte que, como sucede con todo el libro, muchos de estos recursos resultan útiles no solo para guionistas, sino también para directores, realizadores, montadores, productores y cualquier persona relacionada con el mundo audiovisual. Y no solo eso, confío en que también sean inspiradores para cualquier narrador: novelistas, cuentistas, ensayistas… ¿poetas?

Asimismo, remito al lector a la página web dedicada al libro, donde podrá encontrar todo tipo de recursos y materiales relacionados con este libro y también muchos ejemplos audiovisuales que, en este caso sí podrá no solo leer, sino también ver y escuchar.**

Para terminar, haré una última observación que es, en cierto modo, la inversa a la que hice en los últimos apartados de la primera parte: si allí dije que una de las cosas que definen el arte del buen narrador es ocultar sus trucos, tampoco hay que olvidar que muchas veces podemos disfrutar mucho más de un relato cuando conocemos sus trucos: si alguien nos llama la atención acerca de cómo Weiner y sus guionistas de *Mad Men* se ocupan de las miradas de sus personajes, es casi seguro que ese conocimiento haga que a partir de ahora disfrutemos mucho más de una aparentemente insulsa reunión en las oficinas de los ejecutivos de la agencia Sterling&Cooper. Muchos espectadores no han llegado a apreciar algunas propuestas de las nuevas series porque las han mirado con los mismos ojos que sirven para ver las series convencionales.

---

* ¿Ha leído el lector, por cierto, la nota de la página 192?
** La página es www.danieltubau.com/elespectadoreselprotagonista

Anticipación

Es quizá la tarea y la herramienta básica del guionista, puesto que, como señala Eugene Vale, el tiempo más importante en cualquier relato es el futuro.* El futuro es, por supuesto, la anticipación del espectador: «La creencia general de que el presente es el tiempo esencial parte de una concepción equivocada: nos interesa el futuro en su movimiento hacia el presente».

Al espectador, en efecto, le interesa el pasado como motivo de las acciones de los personajes y la situación que está viendo, pero es el futuro, las intenciones y deseos del personaje, lo que determina esas acciones. En consecuencia, los tiempos del interés narrativo, dice Vale, no se conjugan a la manera habitual pasado-presente-futuro, sino en este orden: futuro-presente-pasado: «Quiere matar a su marido... lo mata... lo ha matado». Nuestra tarea como guionistas es lograr que el espectador anticipe casi en todo momento, que piense en qué va a suceder a continuación. Por eso, muchas de las entradas de estas técnicas narrativas se refieren a la anticipación, pero de manera muy directa lo hacen: CUENTA ATRÁS, PROMETE PERO NO CUMPLAS y TENSIÓN SEXUAL NO RESUELTA.

Anticipar el desenlace

Se puede revelar a propósito al espectador tanto el final como un momento significativo de la trama, para después retroceder a un momento anterior del relato o de la historia. Al mostrar al espectador el desenlace, despertamos en él el interés por saber cómo se ha llegado a esa situación. El ejemplo clásico es *El crepúsculo de los dioses*, de Billy Wilder, donde vemos a un muerto flotando en la piscina que enseguida nos empieza a contar su historia.

Este interés generado en el espectador se puede comparar con los problemas de análisis retrospectivo en ajedrez: no se trata de saber cómo

* Eugene Vale en el capítulo «Futuro, presente, pasado», en *Técnicas del guión para cine y televisión,* examina de manera brillante la anticipación como elemento fundamental en cualquier guión o película.

dar mate en dos jugadas, sino de averiguar cómo se ha llegado a una determinada posición en el tablero, a veces incluso de reconstruir toda una partida. El método, consiste, por supuesto, en reordenar el *relato*, situando al inicio lo que en la *historia* estaría en el final, como la muerte de un personaje o la resolución de un misterio. Un ejemplo ingenioso y notable de este método es la serie policiaca *Colombo*, en la que desde el principio el espectador sabe cómo se ha cometido el crimen y, a partir de entonces, asiste a la investigación del desaliñado, mal vestido y aparentemente estúpido detective Colombo en su búsqueda y descubrimiento del criminal. Este género detectivesco es conocido como historia de detectives invertida o *howcatchthem* («cómo-los-atrapa»).

En otros casos, se puede emplear este recurso para generar interés, haciendo ver al espectador algo llamativo, chocante, terrible o asombroso, como cuando en el *TEASER* o *cold open* de las series se anticipa algo que sucederá a lo largo del capítulo, por ejemplo aquello que se conoce como *first blood* (la primera sangre, el primer momento fuerte de la película o serie), como se hacía en *Expediente X*. En tales ocasiones cumple un papel semejante al del tráiler o avance de una película.

A veces, el desenlace o la clave de la trama se anticipa desde el título, lo que no suele ser muy recomendable, como en la desafortunada traducción de *La semilla del diablo* (*Rosemary's baby*), de Roman Polansky.

Anunciar lo que vamos a ver

Otra manera de crear anticipación consiste en anunciar (pero no mostrar de manera explícita, como en ANTICIPAR EL DESENLACE) una situación futura para que el espectador, al llegar al momento en el que debe tener lugar ese acontecimiento, sienta temor, angustia, emoción o incluso agrado y humor, al comprobar si se cumple o no aquello que le han anunciado. Se emplea casi siempre que se trata de desactivar una bomba, abrir la caja fuerte de un banco *Ocean's Eleven (La cuadrilla de los once*) o llevar a cabo un plan. En tales casos, suele emplearse el recurso narrativo llamado *CUENTA ATRÁS* o carrera contra el tiempo.

Uno de los mejores ejemplos del empleo de esta técnica se puede ver en la primera parte de *El padrino*, cuando Clemenza, uno de los mafiosos de la familia, explica a Michael lo que debe hacer para matar al jefe de policía y al mafioso rival Sollozzo. Clemenza da instrucciones paso a paso a Michael: le cachearán para asegurarse de que no lleva armas, debe sentarse con ellos, pero en un momento dado pedirá permiso para ir al retrete, en el retrete debe buscar una pistola en la cisterna, debe regresar con la pistola en la mano y, sin sentarse a la mesa, debe disparar sobre ellos y tirar la pistola antes de huir. Cuando llega el momento anunciado, la tensión crece de manera casi insoportable para el espectador, cuando se da cuenta de que Michael no está siguiendo bien las instrucciones y observa cómo se sienta a la mesa al regresar del retrete.

El recurso de anunciar algo para después comprobar si sucede o no también se utiliza en la comedia romántica mostrando al personaje decidido a tomar la iniciativa y después retraído cuando llega el momento. O bien, al contrario: el personaje anuncia algo que no va a hacer y enseguida comprobamos que lo hace, como cuando en *Poderosa Afrodita* el personaje interpretado por Woody Allen jura que jamás adoptará un niño... y en la siguiente imagen lo vemos con un bebé en brazos.

En muchas ocasiones, anunciar un futuro trágico transmite una sensación de fatalidad que hace que el espectador disfrute de una manera agridulce al constatar que no hay posible escapatoria: lo previsible del desenlace se compensa por la intensidad de la emoción y el sentimiento de verdad.

En el humor da un resultado excelente anunciar lo que va a pasar o cuáles son las intenciones de los personajes. Casi todos los gags de Mr. Bean se basan en informar al espectador de lo que pretende hacer: salir de un garaje sin pagar, ponerse el bañador sin quitarse los pantalones, hacer desaparecer un *steak tartare* que le acaban de servir... La diversión consiste en comprobar que su plan no se cumple o que acaba cumpliéndose de manera grotesca o inesperada.

Como es obvio, aquí estamos ante uno de los recursos que crean estructura por el mero hecho de usarlos: si anticipamos algo que va a suceder, luego tendremos que mostrar si sucede o no, incluyendo a menudo el proceso y el resultado, lo que nos permitirá establecer varios puntos fuertes de cohesión en el relato.

Ver también la entrada SUSPENSE Y SORPRESA.

Anagnosis o revelación

La *anagnosis* o *anagnórisis* es la revelación o reconocimiento. Puede tratarse de diferentes tipos de revelación, desde la de Ulises cuando es reconocido por su hijo Telémaco, por su perro Argos, por el porquero Eumeo y un boyero, por Euriclea y finalmente por su esposa Penélope y los pretendientes, aunque el momento más importante es el del reconocimiento por parte de la esclava Euriclea, cuando al lavarle los pies descubre una cicatriz en su muslo y se da cuenta de que ese mendigo harapiento es su antiguo amo.

El reconocimiento puede afectar tan solo al espectador, como vimos en el ejemplo del enmascarado que se quita la máscara*; o al espectador y al protagonista en el mismo momento, cuando ambos descubren un hecho fundamental; o bien a uno o a varios de los personajes; o tan solo, por fin, al protagonista y a uno de los personajes, por ejemplo, cuando el espectador ya conoce el secreto desde hace tiempo. Según se combinen estas posibilidades, se pueden conseguir todo tipo de efectos.

En *Cyrano de Bergerac*, por ejemplo, el espectador sabe desde el primer momento que las cartas que Roxana cree escritas por Christian en realidad son obra de Cyrano, así que experimenta a lo largo de la obra todo tipo de emociones, que van desde la ironía dramática, al ver que Roxana no hace caso a Cyrano a pesar de que es a él a quien ama (o a quien debería amar), hasta la frustración, la solidaridad y la empatía por la desventura amorosa del desdichado Cyrano, que no puede obtener un triunfo que en justicia le corresponde; o incluso la rabia ante la apropia-

* Ver «Tras la máscara narrativa», p. 27 y ss.

ción por parte de Christian de los méritos que le corresponden a Cyrano. Todas estas emociones estallarán en el desenlace, cuando llegue el tan esperado momento de la revelación para Roxana.

Encontramos un efecto parecido en *Luces de la ciudad*, de Charles Chaplin, porque el espectador sabe que ese vagabundo es el hombre al que la vendedora ama, mientras que ella, que era ciega, no lo sabe todavía. Tiene lugar entonces ese momento final, que muchos críticos y espectadores han considerado inigualable, cuando ella, que ha recuperado la vista, todavía no *ve* plenamente hasta que toca al vagabundo, y entonces su mirada refleja el asombro de la revelación:

–Ahora puedes ver –dice él.

–Sí, ahora puedo ver.

Algo semejante sucede en *Edipo rey* de Sófocles, cuando contemplamos cómo el héroe avanza hacia el desastre al obligar al adivino Tiresias a que le revele el secreto que será su perdición: en el momento en el que por fin logre *ver*, se arrancará los ojos.

Esa revelación dirigida al espectador y a uno o varios personajes que vivían en la ignorancia es el efecto más repetido en las telenovelas y culebrones, pero también en la saga de *La guerra de las galaxias*, cuando Darth Vader exclama: «¡Soy tu padre!».

Audiovisual

La naturaleza dual del audiovisual es, junto a la secuencialidad, una de las características fundamentales del cine, y la que lo distinguía hasta hace poco del cómic.* Sin embargo, los guionistas suelen descuidar los aspectos sonoros y visuales en su trabajo, considerando erróneamente que son asuntos propios de directores, realizadores y montadores. Por fortuna, las nuevas series de televisión han mostrado un uso más creativo de estos aspectos, y también directores como Edgar Wright (*Zombies party*), creador de una serie llena de ingeniosos recursos audiovisuales: *Spaced*.

* En los últimos años estamos asistiendo a la llegada de todo tipo de híbridos entre cine y cómic gracias a las posibilidades del medio digital.

Los planos, niveles o capas de sonido e imagen son muchos y casi todos ellos están a disposición del guionista. Aquí mencionaré solo algunos:

SONIDO

Diálogo: texto del diálogo, lo que se dice. A pesar de que una de las reglas que más se repite a los guionistas es que todo lo que puedas contar por acción no lo cuentes por diálogo, el diálogo es uno de los mejores recursos para un guionista, que puede dar lugar a escenas memorables, incluso en películas de Hitchcock, que era el que más insistía en aquello de la acción.

Silencio: el silencio durante un diálogo puede ser tan o más expresivo que las palabras. Se pueden encontrar magníficos ejemplos en muchas películas de Scorsese.

CARACTERÍSTICAS DE LA VOZ

Tipo de voz: chillona, ronca, temblorosa, en contraste con el aspecto del que habla. Ejemplo: la niña de *El exorcista*.

Tipo de expresión: rebuscada, costumbrista, vulgar. Ejemplo: la trama principal de *My Fair Lady* se construye alrededor de la apuesta de un profesor que se cree capaz de hacer hablar a una mujer de clase baja como una verdadera dama de sociedad.

Manera en que se dice, cálida, antipática, brusca... Lo siniestro muchas veces se consigue uniendo un tono de voz afectuoso a una expresión malvada.

Efectos de distorsión de la voz, justificados o no por la acción: una máscara o un simulador de voz, un efecto de sonido para mostrarnos la conciencia del personaje, una distorsión puramente extradiegética, es decir no justificada por la acción.

Altura, volumen o tono de la voz: gritos, susurros, volumen que se atenúa o aumenta con propósitos narrativos.

Música: diegética, extradiegética (banda sonora) y combinaciones de ambas. Ejemplo: la «Cabalgata de las valkirias» en *Apocalypse Now.*

Efectos sonoros de todo tipo, canciones, silbidos. Ejemplo: la canción

Indian Love Call en *Mars Attack*, la melodía de *M, el vampiro de Dusseldorf* y la de *El tercer hombre*.

Sonido en primer y segundo término y modulaciones del volumen. Ejemplo: *All that Jazz, Breaking Bad* (ver MOSTRAR LA CONCIENCIA DE LOS PERSONAJES).

Sonido fuera de campo y sonido acusmático (cuyo origen no se conoce: ver SONIDO ACUSMÁTICO).

Todo tipo de voces en off: de un narrador indeterminado, de un narrador que conocemos pero que no interviene en la acción, de un narrador que sí interviene en la acción pero en otro momento de su vida; para expresar el pensamiento de un personaje, como un diálogo de pensamientos en forma telepática, etcétera (ver VOZ EN OFF).

IMAGEN

Imagen como tal, es decir, todo aquello que hemos decidido que se vea.

Imagen fuera de campo (no se ve, pero se sugiere que hay algo más allá). Ejemplo: el alien de *Alien*.

Primer término y segundo término de la acción (o tercero, cuarto o quinto). Ejemplo: la primera media hora de *Zombies party*.

Pantalla dividida o en paralelo. Ejemplo: *Carrie, Time code, 24*.

Todo tipo de rótulos sobre la imagen. Desde la llegada del mundo digital, la integración de mensajes sms, chats y similares de manera ingeniosamente narrativa se puede observar en series como *Black Mirror, Misfits* y muchas otras.

Todo tipo de efectos de imagen. Ejemplo: el episodio de *Desmontando a Harry* protagonizado por Robin Williams.

Uso del blanco y negro y el color o todo tipo de filtros y texturas. Ejemplos: *Pleasantville, El mago de Oz, Johnny cogió su fusil, La lista de Schlinder*, la serie argentina *Enrique el antiguo*, donde el protagonista procede de los años sesenta y es en blanco y negro en un mundo a todo color.

La edición digital permite una edición de imagen en profundidad que hasta hace poco era muy complicada, por lo que los efectos solían limitarse a la relación y movimiento entre izquierda y derecha o arriba y abajo. Ahora podemos tratar la imagen como antes solo se podía tratar el sonido. Esto, unido al uso del *chroma*, permite al guionista proponer muchos tratamientos con la imagen si se pone de acuerdo con los productores, directores y editores (o si reúne en sí mismo varias de estas funciones).* Podemos encontrar, sin embargo, muchos ejemplos ya antes de la llegada del cine digital en los que la modificación de imágenes de archivo es la base argumental, como *Zelig*, de Woody Allen o *Forrest Gump*, de Robert Zemeckis.

Además de los planos narrativos, el uso de lo audiovisual se trata en varias partes de este libro y en muchas de las entradas de estas técnicas narrativas, en especial en SONIDO ACUSMÁTICO Y EFECTOS DE EDICIÓN.

Caminos alternativos de la carga

Hay un concepto en ingeniería que quizá nos sirva para explicar por qué las deficientes estructuras de Shakespeare y su aparente desdén al trazar de manera coherente la biografía y la psicología de los personajes, sin embargo, no afectan gravemente a sus obras.**

En 1981, en el hotel Hyatt Regency de Kansas, unas espectaculares pasarelas transparentes, similares a puentes colgantes, se hundieron bajo el peso de cientos de personas que bailaban sobre ellas, con el resultado de 114 muertos. Aunque se discutió mucho acerca de la causa exacta del colapso de las pasarelas, lo que resultó evidente es que no existía un camino alternativo de la carga.

* La llegada del digital ha supuesto un cambio en la naturaleza del audiovisual, que ahora vuelve a ser en cierto modo un arte pictórico, en el que podemos crear pixel a pixel lo que se verá, en vez de ser un arte que reproduce un instante. El celuloide es como una impresión en cera, mientras que el digital es como un dibujo. Por eso, aunque en diferentes grados, el cine digital es en cierto modo dibujo animado, aunque no por ello carece de la capacidad de reflejar el instante: posee las dos características: sello y pintura.

** Ver el apartado «El inventor de lo humano descuida lo humano» y los siguientes, p. 39.

Cuando un buen ingeniero tiene que construir un puente, una pasarela o cualquier otra estructura que deba sostener un gran peso, no lo fía todo a una única sujeción, sino que diseña lo que se conoce como «caminos alternativos de la carga», de tal modo que si el sostén principal falla, la estructura sigue manteniéndose en pie gracias a esa segunda opción. Es decir, el peso de la carga, al no encontrar su sostén principal se redistribuye en esa opción alternativa. Confiar demasiado en una única sujeción para la carga narrativa también puede ser peligroso, porque si esa estructura acaba por resultar repetitiva, de tan usada, como sucede por ejemplo en el cine actual de Hollywood con la estructura reparadora en tres actos, una película puede acabar resultando aburrida, a pesar de que quizá su único defecto no es inherente a ella, sino que consiste tan solo en parecerse demasiado a cualquier otra película. Es curioso que este efecto sobre el espectador puede tener lugar de forma retroactiva: la película que inicia un género o un estilo puede acabar resultando tópica y previsible a causa de la constante imitación de que ha sido objeto. A veces se dice que una puesta de sol es tan cursi como una postal, pero no hay que olvidar que son las postales las que imitan a las puestas de sol, y no al contrario.

Otro problema que surge cuando se fía todo el relato a una estructura demasiado férrea y sin alternativas es que si el espectador detecta errores en ella, ya sea correcta o no la percepción de esos fallos, eso puede entorpecer su disfrute e inmersión en la narración. Sin embargo, cuando hay suficientes elementos narrativos interesantes, la carga narrativa se redistribuye y el lector o el espectador encuentra suficientes alicientes a pesar de que la estructura principal falle por momentos, o incluso en ausencia de una estructura definida.

Stanley Kubrick empleaba un método que se puede considerar cercano a crear caminos alternativos de la carga mediante lo que él llamaba ESTRUCTURAS NO SUBSUMIBLES.

Otro aspecto relacionado con la construcción de una línea estructural férrea tiene que ver con las expectativas defraudadas, como se puede ver en EXPECTATIVAS.

Contarlo todo

Es lo contrario de *IN MEDIA RES* (o en *IN EXTREMA RES)* y del consejo «Entra tarde y sal pronto». A veces hay que contarlo todo, porque eso confiere una especial fuerza narrativa a la escena. Por ejemplo, se puede provocar sensación de agobio, de que no hay escapatoria, como en las situaciones en las que los personajes están encerrados en una trampa mortal, como en la trituradora de *Star Wars IV* o en la escena inicial del primer capítulo de la serie *Utopía*, en la que vemos que dos tipos siniestros entran en una tienda de cómics y asistimos sin corte narrativo aparente alguno a sus acciones.

También se emplea cuando queremos dejar claro al espectador de una manera intuitiva, desde el punto de vista audiovisual, que no le estamos escondiendo nada. Es una manera de proceder casi obligada en un programa o documental sobre trucos de magia: una vez iniciado el truco, no puede haber ningún corte, ningún contraplano ni ninguna elipsis. Cuando eso sucede, el espectador tiene la sospecha de que el truco no lo hace el mago sino los cámaras o el montador, como pudo comprobarse en un célebre programa de la televisión israelí en el que Uri Geller fue descubierto colocándose un imán en la mano, sin duda porque nadie había advertido al realizador de que en ese momento debía seleccionar la cámara que enfocaba al público, y no la de Uri Geller.

Contraste y *understatement*

El *understatement* es un contraste entre dos discursos narrativos que coexisten, casi siempre en un mismo momento. A menudo se emplea mediante una música que contradice las imágenes, como en el célebre ejemplo de la *Naranja mecánica*, o en la película de Álex de la Iglesia *Acción Mutante*, cuando asistimos a un banquete de boda que acaba en masacre sin que deje nunca de sonar la alegre canción de Karina «Aires de fiesta».

En los casos en los que la música es extradiegética, es decir una banda sonora que no se justifica por lo que sucede en el relato, es obvio que estamos ante un efecto narrativo que solo es accesible al espectador y no a los personajes, que sucede, si se prefiere, en el *relato*, pero no en la *historia*.

Cuando la música es diegética, como en los ejemplos mencionados, puede también afectar a los personajes, pero suele hacerlo de una manera muy distinta a como afecta al espectador, pues esos personajes están demasiado ocupados matando o muriendo para detenerse a apreciar el efecto artístico.

En cualquier caso, cuando la música procede de la acción, el guionista tiene mucho que decir, ya que puede crear el tono de una escena marcando el contraste entre una música que revela una emoción semejante o diferente a lo que les está sucediendo a los personajes.

El contraste también es uno de los elementos más empleados en el humor, al jugar con las expectativas del espectador y romperlas: un gigantón con voz de pito o un niño con voz de camionero, o la «Marcha fúnebre» que suena en una boda y que nos hace entender que alguno de los dos protagonistas está siendo conducido al matadero. En ocasiones, ese tipo de contrastes puede causar más miedo que hilaridad, como una niña que habla como un verdadero demonio: me refiero, por supuesto, a *El exorcista*.

Cuarto acto refutador

Me he referido a este recurso en varios lugares de este libro, como un último acto que refuta lo planteado en el último acto, que en estructuras como el paradigma de Field sería el tercero. El nombre quizá no es el más adecuado, porque puede aplicarse también a obras que no tienen tres actos, y porque muchas veces esta refutación no tiene la estructura de un acto o segmento narrativo definido (como sí sucede en *Inteligencia Artificial*[*]), sino que puede consistir en apenas un gesto o una escena brevísima, como en el ejemplo de *El graduado*[**]. Sin embargo, el nombre

[*] Ver «Un error en tres actos», en p. 81 y ss.

[**] Ibídem.

expresa bien la idea de contraponerse a la estructura en tres actos reparadora habitual en Hollywood, ofreciendo un giro final que cambia de manera radical un desenlace feliz o redentor, provocando en el espectador una sensación más ambigua, en ocasiones incluso irónica o amarga.

Un buen ejercicio para cualquier guionista (y creo que muchos de mis alumnos pueden dar fe de ello) es revisar su guión y plantearse si no podrían añadir un cuarto acto o refutación final: a menudo el guión mejora y cobra profundidad gracias a esa vuelta de tuerca final.

Cuenta atrás

Es una técnica narrativa que sirve para crear tensión de manera explícita en el espectador, al establecer un tiempo fijo en el que los protagonistas deben resolver una situación, como desactivar una bomba, reparar un barco que se hunde o cualquier otra circunstancia. A menudo, esa carrera contra el tiempo es también una carrera explícita contra el cronómetro, que permite al espectador saber en todo momento cuánto tiempo queda para que el personaje logre o no su objetivo. Suele emplearse en los desenlaces o en momentos ya avanzados de la narración, pero hay excepciones muy efectivas, como en los primeros cinco minutos de *Poder absoluto,* cuando el personaje interpretado por Clint Eastwood, del que hasta entonces solo sabemos que es un excelente pintor, entra en una gran mansión y se dispone a desactivar la alarma, que parpadea amenazadoramente e inicia una cuenta atrás de 55 segundos. En el caso mencionado, los 55 segundos de la acción coinciden casi exactamente con los de la percepción del espectador, pero es frecuente que la *cuenta atrás* dure mucho más tiempo para el espectador que para los personajes, es decir que los tres minutos de cuenta atrás para desactivar la bomba atómica duren seis o diez minutos en el reloj del espectador. Éste es uno de esos casos, bastante inusuales, en los que el tiempo del *relato* supera al de la *historia* y en los que, en vez de comprimirse mediante una elipsis, el tiempo se dilata.

En ocasiones, la cuenta atrás no la marca un mecanismo, sino que es el tiempo que tarda un personaje en llegar a un lugar. Eso sucede también en *Poder absoluto*, poco después de la anterior escena, cuando el ladrón interpretado por Eastwood es descubierto y asistimos en un hábil montaje paralelo a dos acciones: la de su huida y la de la llegada de sus perseguidores.

La serie *24*, creada por Robert Cochran y Joel Surnow, convirtió con gran efectividad la cuenta atrás en el elemento fundamental de la trama al proponer una acción que transcurre en 24 horas en tiempo real a lo largo de los 24 capítulos de cada temporada (aunque si se restan los espacios publicitarios, en realidad no tenemos un día de 24 horas, sino de 17). La serie recuerda al espectador mediante un cronómetro cómo pasa el tiempo y también usa el recurso de la pantalla dividida *(split image)* para mostrar al mismo tiempo varias tramas.

La cuenta atrás puede ser vivida por el espectador y el personaje o solo existir para el espectador, sin que el personaje sea consciente de que el tiempo corre en su contra o en su favor. El caso contrario, que el personaje sepa que está en marcha una cuenta atrás y eso lo ignore el espectador no es imposible, pero sí insólito.

Deux ex machina

El *deus ex machina* se refiere a ese mecanismo que consiste en solucionar un agujero en la trama de manera chapucera, ofreciendo una solución inesperada y sorprendente, pero no justificada ni justificable. En principio, el *deus ex machina* es un error que no debe cometer un buen narrador, aunque también es la base de la narrativa de los culebrones y telenovelas o de ciertos relatos que solo buscan sorprender al espectador o al lector, algo que, por supuesto, también es legítimo, puesto que muchos lectores y espectadores lo que desean es que les sorprendan, sin importarles cómo. Sin embargo, el *deus ex machina* no se debe confundir con la sorpresa: tiene que ser, además, una sorpresa tramposa.

Aunque, como he dicho, se trata de un recurso cuya función principal es sorprender al espectador o arreglar una trama, a menudo también sorprende a los personajes, que se quedan pasmados ante esa inesperada solución a sus problemas. Como tal, *el deus ex machina* no es un mecanismo estructurante, sino todo lo contrario, pues precisamente aparece de repente, sin estar verdaderamente ligado a nada que haya sucedido antes. Ahora bien, la manera de evitar un *deus ex machina,* la llamada SIEMBRA o *planting,* sí que es una manera muy clara de crear estructura.

Diabolus ex machina

Es la contraparte negativa del *deus ex machina*: un elemento, acontecimiento o revelación inesperada, también injustificada desde el punto de vista de la lógica del *relato* (e incluso de la *historia),* que en vez de solucionar los problemas de los personajes, las complicaciones de la trama o las expectativas del espectador, lo estropea todo y conduce a un desenlace trágico.

Al igual que sucede con el *deus ex machina*, el *diabolus ex machina* es un recurso que va contra cualquier estructura, puesto que no se deriva de la estructura que hemos construido explícita o implícitamente, sino que surge de la nada. Ahora bien, como ya se ha explicado en *deus ex machina*, el esfuerzo que hace el guionista para evitar caer en un *diabolus ex machina*, lo que se conoce como la SIEMBRA o el *planting* sí que contribuye a crear estructura, al preparar, sugerir y anticipar ese desenlace, para lograr que deje de ser ilógico o incoherente.

Efectos de edición

En la narrativa audiovisual muchos recursos narrativos proceden de la edición o montaje, no solo por el corte o unión entre planos y escenas, sino por todo tipo de manipulaciones de la imagen: velocidad, cambio de color y textura, ampliaciones, etcétera. Los guionistas también pueden emplear muchos de estos recursos cuando los plantean a partir del guión mismo.

A continuación menciono algunas de las posibilidades más comunes:

Ralentizado/Acelerado

El ralentizado o cámara lenta y el acelerado se emplearon casi desde los orígenes del cine, cuando Robert Paul y Cecil Hepworth emplearon dichos efectos en 1900 y 1901. Casi siempre se emplean con la intención de reforzar el contenido emocional de una escena. Aunque suele tratarse de una decisión tomada en la sala de montaje, el guionista también puede emplearla de manera creativa, a veces en forma de parodia, como sucede en la célebre escena de la gasolinera de *Zoolander*. En series como *Spaced* o *Ally McBeal* se pueden encontrar muchos ejemplos en este sentido. Así, en un capítulo de *Ally McBeal,* Ling Wu, el personaje interpretado por Lucy Liu ve en el baño a uno de sus compañeros que se refresca la cara: vemos entonces a través de la mirada de Ling a ese hombre a cámara lenta, con todos sus movimientos magnificados por este efecto; poco después, Ling ve a su novio moviéndose a cámara rápida, lo que transmite una sensación de trivialidad y falta de interés. Extrañada por esta insólita manera de percibir la realidad, Ling pregunta a su compañera Ally qué es lo que le está sucediendo: «Eso es que estás enamorada». A lo largo del capítulo, ese recurso al ralentizado será repetido, pero con variaciones inesperadas.

Uso del blanco y negro o el color

Cuando el cine descubrió el color, también descubrió las interesantes posibilidades de combinarlo con el blanco y negro. Ya en una de las primeras películas en color, *El mago de Oz*, se empleó ese contraste para marcar la diferencia entre el mundo ordinario de Kansas (en blanco y negro) y el maravilloso mundo de Oz (a todo color). El recurso se emplea a la inversa en *Johnny cogió su fusil*, de Dalton Trumbo, donde se nos muestra en blanco y negro el presente del protagonista, un soldado que ha perdido todas sus extremidades en la Primera Guerra Mundial, mientras que los *flashback* en los que rememora su pasado son en color.

En los casos anteriores, podríamos llegar a dudar si ese uso del color y el blanco y negro se tomó ya desde el guión, pero no cabe ninguna duda de que así fue en películas como *Pleasantville*, con guión y dirección de Gary Ross, en la que dos hermanos de los años noventa son trasportados a una serie de los años cincuenta en blanco y negro. Aunque ellos mismos aparecen allí en blanco y negro, poco a poco el color empieza a surgir en ese mundo reprimido y conservador, siempre asociado a momentos relacionados con la libertad y el sexo.

Modificar el sonido/Modificar la imagen

Son muchas las maneras en las que una modificación del sonido o la imagen, planteada no durante el rodaje y montaje, sino a partir del propio guión, puede convertirse en un recurso narrativo de primer orden. Muchas de ellas han sido tratadas en otras entradas de estas técnicas narrativas, en especial en ACUSMÁTICO o en MOSTRAR LA CONCIENCIA y en CONTRASTE Y *UNDERSTATEMENT*.

Elipsis

La elipsis es uno de los recursos básicos de cualquier narrativa, pero especialmente de la audiovisual en todas sus formas, porque se adapta perfectamente a su carácter secuencial.

Se puede distinguir entre la elipsis continua y discontinua. La elipsis continua es aquella que no advertimos: por ejemplo, cuando nos muestran en tres breves planos a un hombre que se afeita. A pesar de que nadie tarda tres segundos en afeitarse, como espectadores tenemos la sensación de que no nos han robado nada de ese afeitado, ni siquiera nos damos cuenta de que nos hemos perdido casi el cien por cien de ese proceso. Este tipo de elipsis, que muchas veces no depende del guionista, sino del director y el montador, transcurre en el tiempo del *relato* no en el de la *historia*: hay que suponer que el personaje sí pasará al menos tres o cuatro minutos de su vida afeitándose.

En la elipsis discontinua, por el contrario, percibimos con claridad que nos han ocultado parte del tiempo de la *historia*. La elipsis discontinua puede servir simplemente para enlazar escenas o para ahorrarnos tiempo del relato, pero también puede tener un sentido plenamente creativo, causando diversas emociones en el espectador, como la intriga: lo que no hemos visto convierte en más interesante lo que estamos viendo ahora.

Como es obvio, tanto la elipsis continua como la discontinua, tanto la *funcional* como la *creativa* se dirigen casi única y exclusivamente al espectador, por lo que en la estructura del relato tendremos que pensar en qué efecto estamos produciendo no en los personajes, sino en el espectador.

La elipsis, por otra parte, también contribuye a crear estructura, al establecer en la mente del espectador relaciones de causa efecto entre momentos sucesivos, conexiones entre situaciones aparentemente diferentes, que le ayudan a reconstruir ese tiempo de la *historia* que no ha visto. Un estupendo ejemplo se puede ver en la película de los hermanos Coen *No es país para viejos*, cuando Anton Chigurh, el asesino interpretado por Javier Bardem, visita a una mujer y le da la oportunidad de salvar su vida si la suerte la favorece al lanzar una moneda. El momento es ominoso, pero los Coen cortan antes de que sepamos si la mujer ha elegido cara o cruz y cuál ha sido el resultado. Lo siguiente que vemos es a Bardem saliendo de la casa: en el porche se detiene un momento y revisa sus botas. De esa manera tan sutil está dicho todo lo que ha sucedido, porque en una ocasión anterior vimos a Chigurh limpiándose la sangre que le había salpicado las botas tras cometer un asesinato.

Como curiosidad, hay que decir que en la llamada narrativa transmedia a veces asistimos a la desaparición de la elipsis, al menos en gran parte, al pretender contar todo aquello que en un *relato* (ofrecido en un único medio) no había oportunidad de contar. Esto se debe no solo a los aspectos multimedia, crossmedia y multiplataforma, o a las posibilidades de lo hipertextual, sino también a la tercera característica propiciada por el mundo digital: el enciclopedismo o capacidad de almacenar datos masivos. En algunos aspectos las nuevas narrativas se separan de las características de la narrativa lineal, por lo que conviene conocer las diferencias, algo de lo que me he ocupado por extenso en *El guión del siglo 21*.

El viaje del héroe

La estructura conocida como el viaje del héroe, estudiada por psicólogos como Otto Rank, folcloristas como Vladimir Propp o mitólogos como Joseph Campbell, propone doce etapas que afectan al protagonista de una historia. Desde este punto de partida, está claro que se trata de una estructura orientada al protagonista, aunque no cabe duda de que también afecta al espectador, al producir en él un sentimiento de empatía con las venturas y desventuras del protagonista. De hecho, la defensa de estructuras como el viaje del héroe o los *arquetipos* de Jung se basa en la idea de que dichas estructuras, figuras o formas producen un efecto psicológico y emocional en los espectadores.

Por otra parte, al emplear los doce pasos del viaje del héroe, o al menos algunos de ellos, estamos seleccionando ciertos momentos de la *historia* y, por tanto, creando una estructura del *relato*. Nada nos obliga, sin embargo, a situar esas doce etapas del viaje del héroe en una estructura en tres actos, como hizo Vogler, llevado por la necesidad de no separarse de lo que entonces se consideraba una norma de obligado cumplimiento (aunque también ofreció una estructura en cuatro actos).

En cualquier caso, cada una de las etapas del héroe está constituida por dos, tres o más pasos narrativos, por lo que fácilmente al aplicar el viaje del héroe podemos encontrarnos con entre treinta y cuarenta pasos en nuestro *relato*. En *Las paradojas del guionista* ya examiné a fondo el viaje del héroe, así que aquí me limitaré a enumerar los doce pasos, tal como los define Vogler:

1. El mundo ordinario.
2. La llamada a la aventura.
3. El héroe indeciso (el rechazo de la llamada).
4. El sabio anciano (el encuentro con el mentor).
5. Dentro del mundo especial (la travesía del primer umbral).
6. Pruebas, amigos y enemigos.
7. La gruta abismal.

8. La prueba suprema (la odisea, el calvario).
9. La recompensa.
10. El camino de regreso.
11. Resurrección.
12. Regreso con el elixir.

Un ejemplo divertido del uso indiscriminado del viaje del héroe (que se ha convertido en una estructura tan previsible como el paradigma de Field) es esta comparación entre Luke Skywalker y Harry Potter, que he encontrado en Internet (aunque no he podido averiguar quién es su autor):

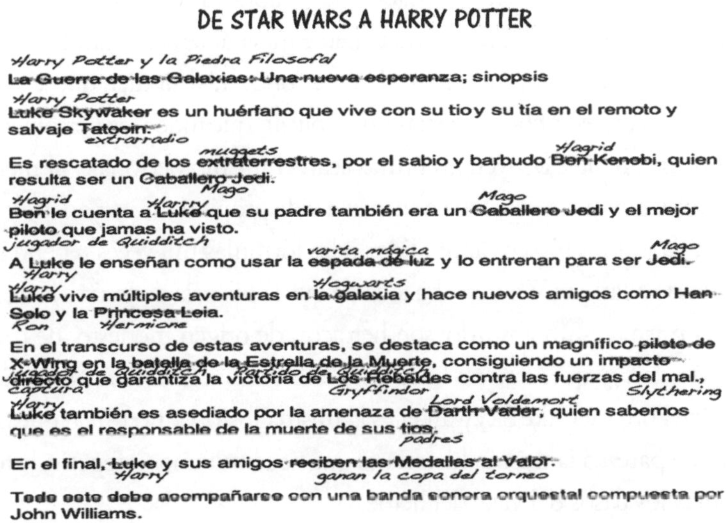

DE STAR WARS A HARRY POTTER

Harry Potter y la Piedra Filosofal
~~La Guerra de las Galaxias: Una nueva esperanza~~; sinopsis

Harry Potter
~~Luke Skywaker~~ es un huérfano que vive con su tio y su tía en el remoto y salvaje ~~Tatooin~~.
extrarradio

muggets / Hagrid
Es rescatado de los ~~extraterrestres~~, por el sabio y barbudo ~~Ben Kenobi~~, quien resulta ser un ~~Caballero Jedi~~.
Mago

Hagrid / Harry / Mago
~~Ben~~ le cuenta a ~~Luke~~ que su padre también era un ~~Caballero Jedi~~ y el mejor ~~piloto~~ que jamas ha visto.
jugador de Quidditch

varita mágica / Mago
A ~~Luke~~ le enseñan como usar la ~~espada de luz~~ y lo entrenan para ser ~~Jedi~~.
Harry

Harry / Hogwarts
~~Luke~~ vive múltiples aventuras en ~~la galaxia~~ y hace nuevos amigos como ~~Han Solo~~ y la ~~Princesa Leia~~.
Ron / Hermione

En el transcurso de estas aventuras, se destaca como un magnífico ~~piloto de X-Wing~~ en ~~la batalla de la Estrella de la Muerte~~, consiguiendo un ~~impacto directo~~ que garantiza la victoria de ~~Los Rebeldes~~ contra las fuerzas del mal.,
jugador de Quidditch / Partido de Quidditch / captura / Gryffindor / Slytherin

Harry / Lord Voldemort
~~Luke~~ también es asediado por la amenaza de ~~Darth Vader~~, quien sabemos que es el responsable de la muerte de sus ~~tios~~.
padres

En el final, ~~Luke~~ y sus amigos ~~reciben las Medallas al Valor~~.
Harry / ganan la copa del torneo

Todo esto debe acompañarse con una banda sonora orquestal compuesta por John Williams.

En el caso de *Star Wars* y Harry Potter está claro que las semejanzas son extraordinarias, porque no solo son las que se mencionan en la comparación anterior, sino que se refieren también al aspecto y carácter de los personajes, desde Harry y Luke (que es casi un Harry un poco mayor sin gafas), a su magia/su «fuerza», su espada láser/su varita mágica, su amigo bromista (Ron/Han Solo), su amigo peludo (Hagrid/Chewaca), su manera de vestir con túnicas largas o guardapolvos, sus maestros ancianos y barbudos… En fin, la autora de la saga de Harry Potter, J. K. Rowling, parece ser uno de esos escritores que, más que inventar, recuerdan (quizá sin ser conscientes de ello).

De todos modos, también hay que evitar caer en la simplificación de pensar que dos personajes que comparten características comunes son lo mismo, porque muchos de los elementos del viaje del héroe son casi inevitables en cualquier aventura, no debido a la existencia de un inconsciente colectivo, sino al sentido común narrativo: cuando comienza una aventura, lo más razonable es que el héroe sea tentado o invitado a ella; puede dudar si precipitarse sin más en la aventura o no y, en general, parece más interesante que se resista un poco; existirán riesgos y peligros, porque, de no ser así, ¿de qué clase de aventura estamos hablando?; habrá un desafió o varios; momentos de debilidad y de fortaleza; el héroe inevitablemente también tendrá amigos y, por supuesto, enemigos; el héroe conocerá a alguien que le aconseje, etcétera. Pero esas coincidencias no implican que todos los personajes que emprenden un viaje o viven aventuras sean el mismo personaje, al menos si el escritor o guionista consigue darles una vida propia a sus personajes y no se limita a repetir los tópicos aprendidos o las fórmulas mil veces repetidas. En palabras de Mathew Weiner: «La idea de que la historia de Jesús y la de Moisés es la misma es un absurdo: son heroicos, de origen modesto, de tumbas desconocidas, ¿y qué? Eso no hace que sea la misma historia». Ni siquiera la de Harry Potter y Luke Skywalker es la misma historia. Lo único que puede hacer que parezca la misma historia es que nos limitemos a repetir de forma mecánica los pasos del viaje del héroe.

Por otra parte, aunque no se sigan los doce pasos del viaje del héroe, cada uno de ellos es un recurso narrativo que se puede emplear por sí mismo: por ejemplo, mostrando a un héroe que se resiste a entrar en la aventura, o una revelación de parentesco, o la intervención de un maestro, consejero o asesor en una trama, o el cambio del mundo ordinario al extraordinario, algo que es casi inevitable en cualquier planteamiento narrativo, puesto que casi siempre tenemos que pasar de una situación inicial a la que va a dar pie al relato.

Episodios/episódico

Al emplear expresiones como *episodios* o *episódico* nos podemos referir a varias cosas. En primer lugar, a los episodios o capítulos de una serie. En tal caso, nos encontramos con todo tipo de posibilidades: episodios que desarrollan tramas autoconclusivas pero con los mismos protagonistas principales (*Expediente X, El ministerio del tiempo*); episodios que contienen tramas que continuarán en los siguientes episodios, ya sea a lo largo de dos o más capítulos o de principio a fin de la temporada, pero que también pueden contener tramas autoconclusivas (*Los Serrano, House, A dos metros bajo tierra*); también puede tratarse de episodios que raramente son autoconclusivos, excepto en ciertas tramas menores, porque se concibe toda la temporada como un gran largometraje (*The Wire, Breaking Bad, Los Soprano*); o incluso de episodios completamente independientes (*Black Mirror*). También puede tratarse de series que no siempre completan el esquema planteamiento-desarrollo-desenlace (*Los Soprano, Mad Men, Boardwalk Empire*).

Por otra parte, podemos hablar de episodios en relación con lo que se ha llamado estructura episódica, que no tiene por qué coincidir con los episodios o capítulos de una serie comercial. En este sentido, podemos referirnos al menos a dos variantes de lo episódico.

En primer lugar, un largometraje episódico puede contener varios cortometrajes o mediometrajes independientes, dirigidos quizá por diferentes directores y con diversos guionistas, que en muchos casos no han trabajado juntos en la construcción de esa película, sino que se han limitado a hacer cada uno su parte. Algunos proponen un tema común, como en la película *Historias extraordinarias*, que contiene tres mediometrajes que adaptan cuentos de Edgar Allan Poe, dirigidos por Roger Vadim, Louis Malle y Federico Fellini (que firma un extraordinario «Toby Dammit»); o *Historias de Nueva York*, donde el tema es, por supuesto Nueva York, y los directores Scorsese, Allen y Coppola.

En un sentido semejante al anterior, también existen episodios o capítulos de series que se componen de episodios casi independientes, como el capítulo «Lugares lejanos» de *Mad Men**, basado en la película *Le plaisir*, de Max Ophüls. En estos casos, cada episodio es un gran bloque narrativo, a veces conectado temáticamente, como con el episodio japonés de la película *Babel*.

Otro sentido de *episódico*, que quizá sea el más interesante, es el que se refiere a pequeños segmentos, desde escenas a secuencias, con estructuras que no establecen de manera tan clara como suele ser habitual un esquema de planteamiento-desarrollo y desenlace, sino que se limitan a ofrecer fragmentos de vida de los diversos personajes, de tal modo que, de manera fluida y casi inadvertida, por acumulación y conexiones menos explícitas de lo habitual, surge una densidad narrativa que resulta difícil reducir a fórmulas claras. Unas tramas continúan y concluyen; otras no tienen desarrollo; en ciertos momentos asistimos a un desenlace sin haber llegado a ser conscientes del planteamiento o el desarrollo. Uno de los ejemplos más claros es, por supuesto, *Mad Men*, porque su creador es un entusiasta declarado de este tipo de construcción: «Me gusta la estructura episódica y creo que funciona»; y añade: «Muchas películas en los años setenta se contaban de esta manera, de manera episódica, y se sentían más como la vida real, porque no ves el mecanismo de la historia. Películas como *Días del cielo* (de Terrence Malick), grandes películas que se tomaban su tiempo para que contemplaras cada pequeño detalle», dice Weiner. Este tipo de construcción narrativa deja mucho más espacio a la libertad del espectador, pero, al mismo tiempo le exige más, al no ofrecerle soluciones fáciles ni estructuras claramente reconocibles. Ésa es la razón por la que muchos espectadores se sienten decepcionados y consideran que el relato resulta incoherente, al no encontrar los ganchos y guías a los que están acostumbrados.

Escena tesis

La escena tesis contiene, como es obvio, la tesis o intención del autor del guión o la película. A menudo también plantea un asunto que va a

* Sexto episodio de la quinta temporada. Lo explico en detalle en «Otras voces, otros ámbitos... también en el mundo audiovisual», p. 166 y ss.

resultar clave en la resolución de la película o que expresa el dilema central para los personajes, para el espectador o para ambos. Puede tratarse de una única escena o de varias.

En muchas ocasiones, en la escena tesis se adelanta o sugiere lo que va a suceder en el desarrollo-desenlace, pero por vía negativa, como en los dos ejemplos mencionados en «Decir lo contrario de lo que queremos»*, relacionados con *Balas sobre Broadway* y *Adaptation*: en *Balas sobre Broadway* cuando David Shayne habla con sus amigos bohemios y se muestra partidario de anteponer el arte a la vida y el artista al hombre; en *Adaptation*, cuando Charlie Kaufman asegura a la representante de la productora que no hará la típica película de Hollywood, con persecuciones, tiros, sexo gratuito y escenas de redención, que es precisamente lo que sucederá en el desenlace.

En *Balas sobre Broadway* hay una segunda escena tesis por vía negativa, en este caso al inicio mismo de la película: David Shayne proclama a voz en grito que quiere dirigir su próxima obra y que no permitirá intromisiones de nadie, ni de directores ni de actores, pero a lo largo de la película descubriremos que eso que Shayne decía que no iba a suceder será exactamente lo que sucederá.

Estructura

Muchas páginas de este libro se dedican a la discusión acerca de la estructura, por lo que sería una redundancia repetir lo ya dicho en este breve glosario de técnicas narrativas. Remito al lector a todo el libro y en especial al capítulo «LA ESTRUCTURA DEL GUIONISTA».

De todos modos, quizá conviene recordar que mi opinión no es que la estructura del guión no exista o sea inútil. Todo lo contrario: casi todas las entradas de estas TÉCNICAS NARRATIVAS se refieren a recursos que afectan a la estructura y que incluso contribuyen a crearla o modificarla. Aunque es cierto que, desde el punto de vista del análisis, una obra

---

* Ver p. 76.

puede tener no una sino varias estructuras, también lo es que una obra absolutamente desestructurada acabará teniendo una estructura: la que inevitablemente le dará el espectador, estructura que, probablemente, no coincidirá con las intenciones del autor, lo que es un riesgo que pocas veces debemos correr.

Por otra parte, incluso cuando no pretendemos crear una estructura férrea, podemos recurrir a métodos como las ESTRUCTURAS NO SUBSUMIBLES de Kubrick, o las conexiones temáticas, tonales, emocionales, intencionales o de contenido, como sucede en muchas estructuras episódicas (ver EPISÓDICO). También podemos recurrir a estructuras férreas, que pueden dar muy buenos resultados cuando se justifican en función de la narrativa, o simplemente como estímulo creativo.

Por otra parte, las limitaciones a veces son buenas e incluso recomendables: cualquier profesor sabe que cuando se sugiere a los alumnos que hagan lo que quieran, sin ningún tipo de limitación, normalmente no hacen nada, porque cuando uno puede hacer cualquier cosa le cuesta mucho decidirse a hacer una en concreto. Jorge Luis Borges decidió someterse a reglas tan rígidas como las del soneto cuando ya casi nadie empleaba esta forma arcaica y logró escribir algunos de los mejores sonetos en español que nunca se han escrito. Beau Willimon confiesa que al principio le costó adaptarse a la necesidad de escribir capítulos de una hora para la serie *House of Cards* (eso facilitaba su distribución internacional) y precisamente compara esa constricción con escribir un soneto: «Te fuerza a tomar decisiones… existe un cierto ritmo en una hora de narrativa». Eso sí, en alguna ocasión, como en el capítulo 7 de la primera temporada, la trama, protagonizada por el personaje de Peter Russo y su candidatura a gobernador, se les quedó corta. Al trabajar para una productora como Netflix, en vez de prolongar artificialmente esa trama (como se hace en las series convencionales), añadieron una escena de ocho minutos sin ninguna relación con el argumento principal, en la que el protagonista de la serie, Francis Underwood visita a la periodista Zoe Barnes y mantiene con ella un impactante encuentro sexual.

Un ejemplo de una estructura explícita y muy precisa que ofrece un resultado magnífico es la comedia teatral *¡Qué ruina de función!* (*Noises off...*), que Peter Bogdanovich adaptó de manera magistral al cine en 1992. Se divide en tres actos en los que se repite una misma representación pero cada vez desde un punto de vista diferente: el ensayo y dos funciones, una de ellas entre bastidores. La repetición de cada acto con estas variaciones alcanza cotas de humor raramente igualadas (ver, en este sentido, REPETICIÓN).

Expectativas

Cualquier relato despierta expectativas en el espectador, incluso aunque el narrador no pretenda crearlas. El espectador anticipa lo que va a suceder y casi siempre espera que, efectivamente, suceda lo que ha imaginado. Como es obvio, crear expectativas es bueno y a ese asunto se dedican casi todas las páginas de este libro, en especial cuando hablo del método empático, o en los capítulos que defienden la idea de que el espectador es el protagonista. También se ocupan de ello muchas de las entradas de estas TÉCNICAS NARRATIVAS y de manera explícita: ANTICIPACIÓN, ANTICIPAR EL DESENLACE, ANUNCIAR LO QUE VAMOS A VER, CUENTA ATRÁS, GANCHOS (que es la creación absolutamente explícita de expectativas) y PROMETE PERO NO CUMPLAS.

Sin embargo, crear demasiadas expectativas puede llegar a ser contraproducente, porque puede acabar en decepción para el espectador, del mismo modo que las promesas incumplidas (por incumplibles) de los partidos políticos pueden provocar decepción en los ciudadanos.

Cuando las expectativas despertadas acerca de un desenlace o la continuación de una serie son desmesuradas, resulta casi imposible satisfacerlas, incluso aunque el desenlace elegido sea bueno. ¿Por qué? Porque no a todos los espectadores les complacerá el mismo tipo de desenlace y será inevitable que un porcentaje más o menos elevado se sienta defraudado. Esto puede convertirse en un problema muy grave, porque la mayoría de los espectadores suele juzgar una película por lo satisfactorio del desenlace, como dice Robert McKee en *Adaptation*. Se podría argumentar, por supuesto, que hay buenas razones para pensar que es injusto juzgar de manera tan excesiva una obra por su desenlace, pero es innegable que lo hacemos casi siempre, olvidando los placeres previos que esa obra nos ha brindado.

Existen maneras de evitar esa decepción de las expectativas no cumplidas, casi todas relacionadas con las herramientas de que disponemos para guiar al espectador hacia donde queremos llevarle, como la SIEMBRA, la sugestión* o la ESCENA TESIS, pero también conviene intentar no crear expectativas difíciles de cumplir.

En mi opinión, ejemplos de expectativas casi imposibles de cumplir debido a su ambición, al menos para la mayoría de los espectadores, son películas como *Origen* o series como *Lost,* con un desenlace que difícilmente puede satisfacer las mil y una locas expectativas creadas; o la serie británica *Utopía*, que comienza con tres extraordinarios episodios, pero que empieza a decaer cuando, en los siguientes capítulos, se intenta dar algún tipo de respuesta a las preguntas o interrogantes activos planteados y a las expectativas despertadas. Lo mismo sucede, probablemente, con la serie *True detective* en su primera temporada. Insisto, en que no afirmo que esas series y películas cumplan o no las expectativas desde mi punto de vista o el de un espectador en particular, sino que me refiero al hecho de que difícilmente podrán complacer las expectativas de la mayoría de los espectadores.**

Exposición

Sin duda es innecesario señalar que la llamada exposición o transmisión de información básica, que suele tener lugar en las primeras páginas

---

* Acerca de la sugestión he hablado en varios lugares de este libro, pero en especial en la parte titulada «CÓMO MANEJAR AL ESPECTADOR» p. 67 y ss.

** Tampoco es obligatorio, por supuesto, satisfacer las expectativas de todo el mundo, pero es bueno saber si uno quiere arriesgarse a ello o no. Muchas veces una gran obra lo es porque decepciona a propósito cualquier posible expectativa.

de un guión o en los primeros minutos de una película, está dirigida al espectador. Aquí sigue siendo válido el consejo que Alejandro Dumas le dio a su hijo: «La primera parte debe ser clara» (también añadió que la última debía ser breve). Nicholas Proferes* está de acuerdo:

> Muchos atributos que son necesarios: emoción, imaginación, la tenacidad, el conocimiento del arte, el conocimiento de las personas, capacidad de trabajar con los demás, la disposición a aceptar la responsabilidad, el coraje, resistencia, y muchos más. Pero el atributo más importante que se puede enseñar, el que si falta se niega todo lo demás, es la claridad. Claridad acerca de la historia porque la claridad de cada elemento contribuye a la totalidad y a lo que se transmite a la audiencia.

Los guionistas que solo miran hacia la trama o hacia el personaje a menudo no se preocupan lo suficiente de ofrecer con claridad al espectador la información necesaria para que participe y se implique en lo que está viendo. Algunos aspectos de esa información básica que conviene tener en cuenta son:

- El mundo.
- La época.
- Quién es el protagonista.
- El objetivo.
- El plan del protagonista para conseguir el objetivo.
- Los obstáculos que surgen en el camino al objetivo.
- El antagonista (que a veces son las debilidades del propio protagonista).
- El conflicto.
- Cómo gana el protagonista y cómo pierde.

* Proferes se refiere a las cualidades de un director, pero todo lo que dice es aplicable a un guionista. En el texto citado, cuando Proferes habla de la «historia» se refiere a lo que a lo largo de casi todo este libro he preferido llamar «relato», con el fin de evitar confusiones. (Nicholas T. Proferes, *Film Directing Fundamentals from Script to Screen*, Focal Press, 2002.

Si se emplea el método empático para revisar un guión, hay que asegurarse de que la información se ha transmitido realmente al lector del guión (y en consecuencia al espectador de la futura película). Es decir, que al revisar la segunda columna («Lo que ve el espectador»), podamos anotar en la tercera columna («Lo que piensa el espectador») que nuestro imaginario espectador ha recibido esos elementos informativos.

En general, hay que prestar especial atención a los primeros pasos narrativos, al planteamiento de la historia, pero no por eso hay que olvidarse de transmitir información siempre que sea necesario, no solo al comienzo de la película sino a lo largo de toda la narración. Un error que conviene evitar es pretender trasmitir toda la información al principio: casi siempre es preferible ir ofreciendo la información a medida que se va necesitando, respondiendo a interrogantes activos del espectador y generando otros.

Por otra parte, como indica mi paradoja «Antes del principio siempre hay algo», el espectador casi siempre dispone de información antes incluso de que se inicie la película. En una película de justicieros enmascarados como las que comenté al inicio de este libro, como el Zorro, Batman y casi cualquier superhéroe, con máscara o sin ella (como Superman y su alter ego Clark Kent), todo el mundo sabe quién aparecerá tras la máscara: el actor o la actriz protagonista.

No cabe duda tampoco de que quizá la mejor manera de transmitir información es logrando que nos la pida el espectador, algo que se consigue creando intriga o empleando mecanismos narrativos como *IN MEDIA RES/IN EXTREMA RES*.

Se pueden encontrar maneras de transmitir información en otras entradas de este glosario, y en especial en: SEXPOSICIÓN y ANTICIPAR.

Fijar la premisa

Se trata de uno de los consejos más repetidos y más útiles que puede recibir un guionista, en especial si trabaja en comedia y humor. Los cómicos saben que, antes de poder desarrollar un chiste, un *sketch* o una situación, hay que fijar la premisa: informar al espectador de qué va el asunto, prepararle para el chiste. Primero, fijar la premisa; después, colocar los chistes. Ya hemos visto que eso es lo que hace constantemente Mr. Bean (ANUNCIAR LO QUE VAMOS A VER) cuando deja siempre claro al espectador cuál es su objetivo, para que así podamos comprobar si lo logra o no.

Del mismo modo que en el humor, en casi cualquier tipo o género de relato debemos informar al espectador de cuáles son los objetivos de los personajes, de cuáles son sus planes, de cuáles son los obstáculos y de quiénes son sus antagonistas. En cierto modo también debemos informarle de qué manera podrían conseguir el éxito y de qué otra manera no lo conseguirán. El descuido al transmitir esa información al espectador puede tener consecuencias desastrosas y hacer que no se despierte en él ningún tipo de expectativa ni se cree suspense o interés hacia lo que está viendo.

Ganchos

Gancho o *hook* es el mecanismo narrativo que consiste en enganchar al espectador para que no pueda dejar de ver una película o serie. Se puede tratar de nudos de la trama y *plot points* que hacen que el espectador siempre quede insatisfecho y quiera saber más, o de grandes ganchos o *cliffhangers* («colgado de un precipicio»), que se sitúan al final de cada acto de las series con anuncios, para lograr que el espectador regrese a ver la continuación. También se colocan al final del capítulo, para que quiera ver la serie la semana próxima. Se cree que la expresión *cliffhanger* deriva de la serie de películas semanales mudas *Los peligros de Pauline*, que siempre acababan con su protagonista Pearl White en mitad del peligro, y en alguna ocasión colgando literalmente de un precipicio.

El uso de ganchos para mantener atrapado al público es propio de la narrativa seriada, como es evidente, y parece indispensable en las series con interrupciones publicitarias. Se ha usado masivamente en las series convencionales, aunque también se puede encontrar en nuevas series como *Lost*, *24* o *Homeland*.

Como sucede con muchos mecanismos narrativos hay que distinguir entre el uso y el abuso, porque el empleo de ganchos y *cliffhangers* puede ser muy eficaz y es perfectamente compatible con todo tipo de narrativas. Homero lo emplea en la *Ilíada*, por ejemplo, al mostrar la negativa de Aquiles a participar en la batalla, que mantiene al lector en vilo durante varios cantos, hasta que muere Patroclo, el amigo del héroe, lo que pone fin a ese retiro del combate. En la *Odisea* encontramos un *cliffhanger* todavía más explícito, cuando al final del canto IV los pretendientes de Penélope deciden emboscarse en una isla cercana a Ítaca para esperar el regreso de Telémaco y matarlo. La acción pasa entonces al padre de Telémaco, Ulises, y hasta el canto XV no descubrimos si Telémaco sobrevive o no a la conspiración.

En *Breaking Bad*, una serie nada convencional, el uso de ganchos narrativos es constante, pero, en parte gracias a la densidad psicológica y a la cuidada graduación emocional de los dilemas morales del protagonista, nunca dan la impresión de ser un simple artificio mecánico.

Hacia atrás para mostrar… (*Pull back to reveal*)

Es la indicación técnica favorita del guionista William Goldman (*Poder absoluto, Dos hombres y un destino, La princesa prometida*) y una de las pocas que se permite utilizar en sus guiones. Se refiere a cuando la cámara retrocede para mostrarnos algo significativo, como en la primera escena de *All that jazz* de Bob Fosse:

> Hemos visto al protagonista, interpretado por Roy Scheider, que se levanta, se toma unas píldoras, se da una ducha. Sabemos que trabaja en el teatro, pero eso es todo lo que sabemos. Ahora vemos una docena de planos rápidos de bailarines que se preparan para un ensayo. Están nerviosos, se estiran, hacen unos pocos movimientos, algunos se pasan la mano por el pelo, se pintan los labios. Empieza la música; es la canción «On Broadway».
>
> Entonces viene el HACIA ATRÁS PARA MOSTRAR.

> Empieza con Scheider, que va con un recipiente con café, solo, de rodillas, frente a la escena, junto a las candilejas.
>
> La cámara empieza a moverse.
>
> Vemos unos pocos pies en movimiento. Luego más. Luego las rodillas, la parte superior del cuerpo, rostros.
>
> La cámara sigue moviéndose, mostrando cada vez más la escena.
>
> Ahora vemos unos doce bailarines, que se mueven desorganizadamente. Luego veinte. Cincuenta.
>
> Al final, por fin, vemos la escena entera llena de bailarines. Debe haber unos doscientos o más y entonces sabemos que son las pruebas para elegir los bailarines de un musical.
>
> Y a la vez vemos la tarea imposible que le incumbe a Scheider: elegir unos pocos de esa multitud. Sentimos la presión a que se enfrenta.*

Goldman recuerda que este movimiento tan narrativo de la cámara se usaba en el cine clásico en escenas de películas de aventuras, como las de Errol Flynn, cuando el héroe y el villano se enfrentaban y por un momento parecía que el malo había vencido, pero entonces la cámara retrocedía y nos mostraba que el que caía muerto al suelo era el villano.

Se trata de un movimiento que solo tiene sentido para el espectador, quien descubre una situación que es perfectamente conocida por los personajes, a los que, como es obvio, no les afecta. Sin embargo, en ciertas ocasiones podemos hacer casi coincidir la revelación que mostramos al espectador con una revelación semejante para el personaje, por ejemplo, si el personaje está mirando a través de una cámara, o ampliando un detalle de una imagen, o recorriendo a través de unos prismáticos el campo enemigo y dándose cuenta entonces de las verdaderas dimensiones del peligro al que se enfrenta.

Esa revelación a través de un movimiento de cámara también puede llegar mediante un zoom o un desplazamiento de izquierda a derecha o

* William Goldman, *Aventuras de un guionista en Hollywood*. Plot, 2002.

viceversa, aunque Goldman considera muy diferentes los paneos o panorámicas del concepto de «Hacia atrás para mostrar» y dice no sentirse tan seguro de su efecto al emplearlos en un guión.

Hibris

La *hibris* o *hubris* era uno de los recursos más empleados en la mitología y la literatura griega clásica, quizá el preferido de los dramaturgos. Se puede traducir como orgullo desmedido o desmesura y tiene que ver con sobrepasar los límites marcados por los dioses o por la naturaleza. El pecado de *hibris* es siempre castigado de manera fatal y a menudo paradójica, como cuando el hombre que cree saberlo todo, Edipo, el mortal que ha resuelto el enigma de la Esfinge acerca de la naturaleza humana, ignora, sin embargo, su propia naturaleza. Su pecado de *hibris,* sin embargo, no consiste en haber resuelto los enigmas, sino en no conformarse con lo que los dioses le han concedido, el trono de Tebas y una esposa, y querer saber más. Una actualización de la *hibris* se puede ver en *Poderosa Afrodita*, de Woody Allen, que sigue las directrices del teatro griego en forma de comedia: aquí el protagonista es castigado por querer averiguar quiénes son los padres de su hijo adoptado, en vez de conformarse con la felicidad que este niño aporta a su vida y a su matrimonio. A partir de ese momento, su vida se precipitará en el caos.

Ejemplos modernos de *hibris* son personajes como Frankenstein, Fausto, el diablo en el *Paraíso perdido* de Milton y todos aquellos que son dominados por la soberbia o por el deseo de traspasar esos límites.

Este motivo también se encuentra en cierto modo en todas las narraciones en las que alguien acumula un poder absoluto, como *Scarface*, en las versiones de Howard Hawks (1932) y Brian de Palma (1983).

Historia y relato

Me he ocupado extensamente de la distinción entre historia y relato en este libro, en especial en el capítulo «LA CONSTRUCCIÓN NARRA-

TIVA»[*], por lo que parece innecesario añadir nada más aquí, pero sí conviene recordar que la distinción entre ambas cosas es absolutamente fundamental para aprovechar las posibilidades narrativas y tener siempre en cuenta su efecto sobre el espectador. La *historia* es propia de los personajes, de esa existencia que se supone poseen más allá del *relato.*

El hecho de que los lectores o espectadores solo vean el *relato* no quiere decir que no puedan imaginar o suponer o inventar esa *historia* que no ven: una de las mejores cosas que puede lograr un buen relato es hacer posible imaginar e incluso teorizar acerca de la historia o las historias subyacentes.

Humor

Aunque casi todos los guionistas primerizos se asustan al considerar la posibilidad de escribir humor, se trata quizá del género en el que es posible aplicar mecanismos narrativos de manera más efectiva. En varias de estas entradas he dedicado algún párrafo al uso de los diversos mecanismos en el humor, así que aquí solo me ocuparé de la llamada lógica del humor, que estudiosos de la creatividad como Arthur Koestler emparentan con la creatividad científica y artística.

En primer lugar, hay que señalar que el humor casi siempre debe empezar de forma seria para lograr encontrar lo divertido. Salvo contadísimas excepciones, no suele funcionar un *sketch* o un gag que comienza de manera «divertida»: primero hay que plantear la situación de manera seria para que luego llegue el contraste humorístico. A menudo se trata de crear una expectativa que luego será defraudada. Pensemos en un chiste que he escuchado muchas veces, para referirse a países o territorios vecinos. Lo cuentan los uruguayos de los argentinos, los escoceses de los ingleses y los belgas de los franceses: «¿Sabes cuál es el mejor negocio del siglo? Compras un francés por lo que vale y lo vendes por lo que él cree que vale».

---

[*] P. 51 y ss.

El chiste no es imprevisible, pero nos hace gracia porque no esperamos que el negocio del siglo consista en vender y revender a alguien, y porque, a pesar de ello, parece esconder una verdad ingeniosa, o al menos ajustarse al tópico de que los franceses, los argentinos y los ingleses se caracterizan por su presunción. No funcionaría tan bien si el protagonista del chiste fuera un alemán, un marroquí o incluso un japonés, que no parecen tener esos rasgos.

En la variación de ese chiste que hace el argentino Marcos Mundstock, del grupo Les Luthiers, además de jugar con la misma idea del caso anterior, añade un factor mayor de imprevisibilidad: «Los argentinos tenemos un carácter ciclotímico. A veces nos creemos los mejores de Latinoamérica. En cambio, en otras ocasiones nos sentimos... los mejores del mundo». Aquí el espectador, estaba esperando descubrir cómo se pasa de lo más alto a lo más bajo, pero descubre que en este caso se trata de pasar de lo más alto… a lo todavía más alto. Un ejemplo semejante era este chiste que circulaba en Argentina durante la crisis del corralito: «Los argentinos siempre tenemos que ser los primeros, y ahora también lo somos, empezando desde abajo».

Sea como sea, el mecanismo del humor se adapta casi siempre a una de las paradojas del trabajo de guionista, que ya propuso Aristóteles en su *Poética*: «El desenlace tiene que ser al mismo tiempo sorprendente e inevitable». La sorpresa del golpe de efecto final debe ser coherente con lo que se ha planteado, pero en el caso del humor, esa lógica es una lógica desviada: en el chiste del ciclotímico argentino de Mundstock, la ciclotimia respeta su definición de brusco cambio de humor, pero ese cambio no tiene por qué ser de mal a bien o la inversa: también puede ser de mal a peor o de bien a mejor.

En otras ocasiones, esa lógica desviada viene causada por una interpretación tan literal que resulta absurda: «¡Vete a freír espárragos!», le dice el payaso listo al tonto, y enseguida vemos al tonto friendo espárragos en una sartén.

En consecuencia, se trata de crear una expectativa y romperla de una manera al mismo tiempo absurda y lógica, o lo que Koestler llamaba *bisociación*, la unión en un punto común de dos planos aparentemente ajenos. La expectativa, por otra parte, crea una tensión en el receptor, que la ruptura hace estallar de forma inesperada. Por eso es importante FIJAR LA PREMISA y muchas veces el mejor método para que alguien se ría es informarle de que va hacerlo, pero sin decirle cuándo exactamente ni por qué.

Por otra parte, hay formas de humor que rompen toda lógica, como el absurdo, el sinsentido, la vulgaridad, la sinceridad ofensiva o la rareza absoluta, que pueden causar perplejidad, confusión, estupor y también risa en los espectadores. Ejemplos de humoristas que han practicado estos estilos son Andy Kaufman, Sacha Baron Cohen y, por supuesto, Groucho Marx.

Casi todos los mecanismos del humor pueden ser empleados, con ligeras variaciones, en otros géneros.

Se examinan los mecanismos del humor en otras entradas, en especial en REPETICIÓN, VOZ EN OFF, *UNDERSTATEMENT* y FIJAR LA PREMISA. En *La musa en el laboratorio* me ocupo extensamente de la lógica del humor y su relación con la creatividad. También se puede consultar el legendario libro de Arthur Koestler *El acto creativo.*

Ilusión perfecta

Stendhal llamaba *ilusión perfecta* a aquellos momentos en los que el espectador de una obra de teatro cree por un instante que está viendo la vida misma, en vez de una ficción. Esos instantes de ilusión perfecta, nos dice Stendhal, no se producen en los momentos más emocionantes de la obra, sino más bien, al contrario, en momentos aparentemente tranquilos, sin significado, sin un propósito claro, que no cumplen una función definida en la construcción narrativa.

En el último apartado de la primera parte de este libro («Breve defensa de lo innecesario»*) ya señalé que los momentos de ilusión perfecta

* Ver p. 169 y ss.

suelen tener relación con la ruptura del mecanismo de causa y efecto y de la anticipación más previsible, cuando el espectador siente que lo que está viendo no sirve para algo, sino que existe por sí mismo, al margen de la construcción del *relato*. También allí hablé de la *hecceidad*, el detalle concreto, casi siempre innecesario.

In media res / In extrema res

Uno de los consejos clásicos de la narrativa audiovisual es: «Entra tarde y sal pronto». Es decir, no conviene mostrar desde el principio todo, sino que es preferible mostrar una acción ya comenzada (*in media res*) y enseguida saltar a la siguiente acción o escena. En una novela podríamos leer una *escena* como la siguiente:

> Juan entró en la panadería con aire decidido y se dirigió directamente al mostrador, a pesar de que había allí otro cliente esperando. Observó rápidamente las barras de pan alineadas en los diferentes estantes y descubrió una que estaba bien tostada, como a él le gustaba. Miró a la dependienta con toda la seguridad que era capaz de fingir y sin ni siquiera saludarla, dijo en voz alta, casi gritando: «Quiero una barra, pero no me la des cruda… dame esa de ahí», dijo, señalando aquella apetitosa barra y sin prestar atención a las protestas del hombre que debería haber sido atendido antes que él. La dependienta, que parecía verdaderamente asombrada por la actitud de aquel cliente habitualmente apocado, siguió con la mirada el dedo de Juan y descubrió la barra. La extrajo con docilidad, la capturó con la bolsa de papel cuidando de no tocarla con sus manos, y se la ofreció a Juan.
>
> –Sesenta céntimos, ¿verdad? –pregunto Juan de forma retórica, pues ya le estaba entregando las monedas a la dependienta.
>
> –Sí, sesenta céntimos –respondió ella, aún sin salir de su asombro.
>
> Juan tomó la barra, miró a su alrededor, sonrió al cliente que ya había renunciado a protestar, y se dirigió hacia la puerta con paso firme. Al salir, junto al tintineo de la campanilla del establecimiento, que siempre sonaba al chocar con la puerta, Juan pronunció un sonoro: «Hasta luego».

> Mientras caminaba por la calle, con su barra de pan bien tostado bajo el brazo...

Etcétera.

La anterior podría ser una escena típica de novela, pero no suele ser una buena escena en una película, donde tal vez lo contaríamos así:

INT. PANADERÍA — DÍA

Juan está frente al mostrador, un cliente alza la mano para protestar, pero Juan ni siquiera le mira.

JUAN

(*Señala una barra*)¡Dame ésa!
La que está bien tostada.

EXT. CALLE — DÍA

Juan camina por la calle con la barra de pan bajo el brazo. Sonríe satisfecho.

Por regla general, así es como debemos escribir las escenas, entrando tarde y saliendo pronto, no contando todo desde el principio y hasta el final, sino empleando la elipsis, porque sabemos que los elementos audiovisuales permitirán al espectador rellenar los huecos que existan en nuestra narración.

Casi siempre es bueno seguir esta norma y, por eso, una de las tareas más útiles para un guionista al revisar un guión consiste en revisarlo escena por escena y examinar en cuántas de esas escenas podría entrar un poco más tarde y salir un poco más pronto. Eso le hará modificar, según la experiencia que tenga como guionista y las características de su mirada audiovisual y secuencial, entre un treinta y un sesenta por ciento de las escenas.*

Cuando se decide, no ya a empezar en medio de una acción sino

* Naturalmente, hay excepciones y a veces una escena alcanza un gran poder narrativo precisamente porque se cuenta todo, de principio a fin, como explico en CONTARLO TODO.

incluso en el clímax o en el momento cumbre de la acción o de la narración, se llama a este mecanismo IN EXTREMA RES («en situación extrema»), como en el ejemplo de *El crepúsculo de los dioses*, con un muerto flotando en una piscina*.

Inversión

Dar la vuelta a una situación, invirtiendo los papeles de los personajes puede tener un gran resultado narrativo: situar al rico como pobre o al pobre como rico, al hombre como mujer (*Tootsie*), a la mujer como hombre (*Victor o Victoria*) o a un profesor de química respetable como traficante de drogas (*Breaking Bad*). A veces este mecanismo es la esencia de una película o serie, como en los ejemplos mencionados, y en ocasiones puede ser parte de la trama, un momento especial o una revelación.

En ocasiones, como decía Henri Bergson en sus escritos clásicos acerca de la risa, basta con intercambiar los papeles para pasar de lo serio a lo cómico: «Imaginad ciertos personajes colocados en cierta situación, y solo con hacer que esta situación se repita y que los papeles queden invertidos tendréis una escena cómica»**. Por ejemplo, la escena entre un padre y un hijo o entre un jefe y su empleado, si la vemos con cada uno representando el papel del otro, o un bebé y su padre, o un perro y su amo.

Ironía dramática

Cuando se le da más información al espectador que al personaje se consiguen muchas cosas interesantes, que no consisten tan solo en percibir la disparidad entre lo que el personaje cree saber y la realidad que el espectador conoce, porque también se pueden plantear diversas preguntas y expectativas: ¿Qué pasará cuando el personaje se entere?, ¿cómo reaccionará Edipo cuando descubra lo que todos nosotros ya sabemos?

En el *Romeo y Julieta* de Shakespeare, cuando Romeo ve a Julieta muerta, sabemos que se equivoca y que ella está en animación suspen-

---

* Me refiero a ese ejemplo en ANTICIPAR EL DESENLACE, p. 185.
** Citado por Diego Cañizal en *Retórica y humor* (comunicación personal).

dida gracias a una poción, por lo que experimentamos la fatal ironía dramática que consiste en ver cómo Romeo se quita estúpidamente la vida. En este caso, como es obvio, no podemos asistir al efecto que la revelación de esa información tendrá en Romeo, aunque sí en Julieta, cuando despierta y ve a Romeo muerto por su culpa.

Aunque se supone que la ironía dramática pone en nosotros una sonrisa irónica o amarga, se trata de un mecanismo narrativo que, como he intentado demostrar a lo largo de este libro, está presente (o debería estarlo) siempre que un guionista construye un *relato* a partir de una *historia*.

Por otra parte, la distribución de la información entre unos y otros personajes y entre los personajes y el espectador es un recurso muy importante para el humor, por ejemplo cuando el espectador sabe que el personaje se está poniendo en evidencia sin saberlo; por eso casi siempre es mejor darle la información primero al espectador y luego al personaje.

Macguffin

El *macguffin* es esa excusa que permite al guionista justificar las acciones de los personajes para que resulten narrativamente verosímiles para el espectador. Ya dije en los primeros capítulos de este libro que se trata casi siempre de una excusa para contar cosas más importantes, e incluso he llegado a considerar que toda la película es un gigantesco *macguffin*, cuyo objetivo es entretener, distraer, emocionar o conmocionar al espectador. En cualquier caso, se trata de un mecanismo que contribuye a crear estructura, puesto que, para darle cierta efectividad y plausibilidad al *macguffin*, hay que referirse a él en diversas ocasiones a lo largo de la trama: por ejemplo, qué es eso que quieren conseguir los personajes, cómo van a intentar obtenerlo, además de mostrar el resultado de todas esas acciones y planes, es decir, si logran o no el éxito.

A veces pueden considerarse sinónimos el *macguffin* y el objetivo del personaje, en especial en películas de pura acción, pero por lo general el objetivo real del protagonista y el *macguffin* son diferentes.

Curiosamente, el *macguffin* es un mecanismo narrativo que casi quiebra la recomendación de que todo le debe suceder al espectador, pues a menudo interesa de manera obsesiva a los personajes, pero, no solo no le interesa al guionista, como recomendaba Hitchcock, sino que puede ni siquiera inquietar al espectador, precisamente porque ya sabe demasiado bien que es un simple *macguffin*.

Metalenguaje

En este caso nos encontramos ante un recurso que se dirige de manera casi exclusiva al espectador. Todo lo que sea saltarse la llamada cuarta pared, la distancia entre la ficción y el mundo real, con interpelaciones directas o indirectas al espectador, como sucede en *Orlando*, de Sally Potter, en *Annie Hall,* de Woody Allen y en tantas escenas de Groucho Marx, está dirigido, como es evidente, a nosotros, los espectadores.

A pesar de su aparente modernidad, se trata de un recurso clásico, que se encuentra no solo en obras como *Peer Gynt* de Ibsen, *Niebla* de Unamuno, *Jacques el fatalista*, de Diderot, y en diversos momentos de las obras de Shakespeare, sino incluso en ciertas intervenciones del coro griego, que parecen dirigirse a los espectadores. En realidad, con anterioridad al siglo XX era mucho más frecuente de lo que se suele creer que los autores se dirigieran a sus lectores o su público, a veces de manera implícita, dando por supuesto que su relato estaba siendo leído por alguien, otras de manera explícita, como se puede ver en estos ejemplos encontrados al azar en mi biblioteca:

> Es preciso informar al lector de que en la frontera noroeste de la India se halla desparramada una fuerza militar de unos treinta mil hombres de infantería y de caballería (Rudyard Kipling, *La legión desaparecida*).
>
> Esto me hizo reír. No crean mis lectores que exagero, pues tal como lo cuento, me lo dijo él punto por punto… (Benito Pérez Galdós, *Zaragoza*).
>
> Era una noche maravillosa, una de esas noches, amable lector, que quizá solo existen en nuestros años mozos. (Fiódor Dostoievski, *Noches blancas*).

Un ejemplo chino muy interesante es el de Li Yu en el libro erótico *La alfombrilla de los goces y los rezos* (1657) donde continuamente interpela al lector e incluso le hace hablar, para enseguida contradecirle con descaro: «Amable lector, una vez más, no has comprendido»; en otras ocasiones usa esas interpelaciones para proponer *ganchos* narrativos: «El lector no es el único que está perplejo sobre estas cuestiones, tampoco está seguro el mismísimo autor, y tendrá que pasar al siguiente capítulo para resolverlas».

Mostrar la conciencia de los personajes

En el medio audiovisual existen diversas maneras de mostrar la conciencia de los personajes. Algunas son semejantes a las de la literatura escrita u oral, pero otras aprovechan de manera ingeniosa las características del medio. Como es obvio, se puede mostrar lo que piensa un personaje mediante una VOZ EN OFF, como en un relato en primera persona (así lo hace Charlie Kauffman en *Adaptation),* o bien como un narrador que nos explica lo que piensa o siente el personaje.

También podemos mostrar la manera en la que el personaje ve algo mediante el plano subjetivo, como si contempláramos todo a través de sus ojos, lo que nos permite saber qué es lo que le interesa en cada situación. Ahora bien, cuando recurrimos de manera reiterada o durante demasiado tiempo al punto de vista subjetivo, el espectador lo percibe como algo que llama su atención de manera especial, cosa que no sucede necesariamente en una novela, donde podemos leer cientos de páginas narradas en primera persona sin sospechar nada.

A pesar de sus limitaciones respecto a la narración en primera persona, el cine y la televisión también disponen de extraordinarias maneras de mostrar la conciencia de un personaje, y algunas de ellas son inalcanzables para la literatura.

En primer lugar, se puede mostrar la no correspondencia entre los gestos del personaje (es decir, del actor) y lo que dice o hace: como una mirada furtiva a la mujer de la que dice no estar enamorado, o una mueca de desagrado al escuchar hablar a un rival. También puede mostrar a un personaje realizando acciones que contradicen sus palabras o sus supuestas intenciones: sonríe pero rompe sin querer un lápiz que sostiene en las manos; asiente beatíficamente a lo que dice su interlocutor pero escribe su verdadero pensamiento en un papel o un móvil, como hace la periodista Susan Orlean en *Adaptation* cuando Laroche le habla de sí mismo y ella parece admirada, pero anota en su cuaderno: «Delirios de grandeza».

En un capítulo de *Los Soprano*, David Chase nos muestra la conciencia culpable de uno de sus personajes, Adriana, que está colaborando como agente encubierta con el FBI y teme ser descubierta por el jefe mafioso Tony Soprano. Chase nos muestra a Tony en el club de Adriana hablando por el móvil. Primero vemos a Tony diciendo «¿Una informante del FBI?» y mirando furioso a Adriana; tras ver el rostro asustado de Adriana, volvemos a ver a Tony, que ahora, en un tono muy diferente, habla de trivialidades con su esposa Carmela: por un momento dudamos de cuál es la verdadera conversación, pero enseguida descubrimos que es la de Tony con su esposa y que la otra conversación, la amenazadora, la hemos visto a través de la conciencia culpable de Adriana.

En *A dos metros bajo tierra,* Alan Ball nos muestra lo que piensa un personaje de una manera muy ingeniosa: el hijo mayor de la familia, Nate, conduce su furgoneta con cara de preocupación, sabemos que tiene que decidir si vender su participación en la funeraria o mantenerla y participar así en ese negocio que tanto detesta. Entonces, una manifestación interrumpe el tráfico y tanto Nate como los espectadores vemos los carteles que llevan los manifestantes: «SALVAD EL PARQUE», «ZONAS VERDES PARA LOS NIÑOS»... Todo trascurre normal, pero en un momento dado los textos de las pancartas empiezan a referirse al problema de Nate: «COGE EL DINERO Y CORRE», «¡VENDE!», e incluso «¡MALDITO HIJO DE PUTA!». Como es obvio, las pancartas ahora están reflejando la conciencia de Nate, sumergida en un mar de dudas. En esta serie, por cierto, el padre muerto se aparece a los personajes y habla con ellos en una ambigüedad narrativa muy interesante: a veces parece que es la voz de su conciencia, pero en otras ocasiones parece un fantasma real o incluso un elemento de metalenguaje que solo está allí para el espectador.

Otro gran ejemplo de cómo mostrar la conciencia de un personaje se puede ver en la película *All That Jazz*, de Bob Fosse, cuando el protagonista, interpretado por Roy Scheider, está a punto de sufrir un ataque cardiaco. La llegada de ese momento, que no llegaremos a ver de manera explícita, se acentúa haciendo que todos los sonidos de un ruidoso ensayo desaparezcan. A pesar de que las imágenes nos muestran que los participantes en la lectura del libreto no paran de reír, hablar y gritar, no oímos absolutamente nada de lo que dicen y solo escuchemos los sonidos que produce el propio protagonista: su respiración agitada, el tic-tac de su reloj, un cigarrillo que aplasta en el cenicero, un lápiz que rompe sin querer... Se muestra así, de una manera poderosísima la conciencia de un hombre que, ante la amenaza de una enfermedad mortal, ya no percibe el mundo exterior, sino tan solo de manera obsesiva los sonidos que él mismo genera.

En la serie *Breaking Bad*, creada por Vince Gilligan, sucede algo parecido en el primer capítulo, cuando Walter White es sometido a unas pruebas médicas y le vemos sentado frente al doctor. El doctor está hablando con rostro grave, pero, en vez de oír sus explicaciones, escuchamos sus palabras distorsionadas y un molesto zumbido. Finalmente, el doctor pregunta a Walter si ha escuchado lo que le ha dicho: Walter repite entonces el diagnóstico palabra por palabra («cáncer incurable, me quedan dos meses de vida»), pero, al mismo tiempo que repite con indiferencia mecánica el terrible diagnóstico, solo parece preocupado por una cosa: una mancha de mostaza en la bata del médico. Es una manera muy brillante, similar a la de *All that jazz*, de mostrar la conciencia de una persona a la que acaban de diagnosticar una enfermedad incurable.

Estos y otros muchos ejemplos demuestran que las nuevas series han recuperado o creado formas de mostrar cosas tan secretas y complejas como la conciencia de los personajes de manera ingeniosa, mediante el uso de la imagen o del sonido.

Ver también AUDIOVISUAL.

Mostrar la tramoya

En varios lugares de este libro he hablado de lo interesante que puede ser ocultar los mimbres que dan forma a nuestro relato o los mecanismos narrativos que decidamos emplear. Sin embargo, existen importantes excepciones a la regla de esconder la estructura, la cadena de causa-efecto o los mecanismos narrativos, porque hay ocasiones en las que los narradores quieren mostrar de manera voluntaria, y no por accidente, todos esos artificios. Así sucede en el montaje clásico soviético o en obras experimentales y vanguardistas o, sencillamente, en aquellas que quieren hacer cómplice de alguna manera al espectador, como siempre que se usa el METALENGUAJE o se rompe la llamada cuarta pared. También hay cineastas a los que es imposible no percibir en todo momento en sus obras, como Ernst Lubitsch, pero su gran encanto reside precisamente en esa presencia no oculta: como señala DeFreitas, nos gusta maravillarnos ante su talento e ingenio a cada fotograma, como cuando leemos a Oscar Wilde.*

Pasos, pulsos o *beats* narrativos

Las unidades narrativas, que son la mejor herramienta de un guionista en su trabajo, como los pasos, los pulsos y los *beats,* están ausentes de las TÉCNICAS NARRATIVAS porque les he dedicado gran parte de este libro. Aquí me limitaré a indicar dos lugares en los que he tratado el tema de manera especial.

En «Para qué sirve un paso narrativo»** he enumerado casi veinte funciones o propósitos que puede cumplir un paso, *beat,* pulso o golpe narrativo.

* Justin DeFreitas en «The Lubitsch Touch» en Pacific Film Archive.

** Ver p. 115 y ss.

En «Pasos, pulsos, golpes… unidades dramáticas»[*] he intentado poner algo de luz en el complejo mundo de los términos y definiciones que se refieren a las unidades narrativas mayores, medianas o pequeñas.

Pensamiento, palabra y acción

El contraste entre lo que un personaje piensa, dice y hace es sin duda uno de los recursos que da profundidad y complejidad tanto a los personajes como al relato. Aunque hay algunos personajes que muestran una gran coherencia entre lo que piensan, lo que dicen y lo que hacen, resulta muy interesante combinar de diferentes maneras pensamiento, palabra y acción. Incluso un mismo personaje puede comportarse de diferente manera según la situación o según con quien esté, como sucede en la vida real: no crea usted, querido lector, a quienes le dicen que su carácter es como es y que no pueden cambiarlo. Obsérvelos con atención y descubrirá que su carácter cambia según las circunstancias y las personas con las que se relaciona. Yo tenía una amiga que decía que su carácter vehemente era parte de su personalidad y que no podía cambiarlo; lo creí hasta que un día me quedé sorprendido al observar cómo ese carácter cambiaba ante la presencia de sus jefes. En consecuencia, aunque muchas veces es bueno dar a cada personaje una combinación determinada entre pensamiento, palabra y acción, también conviene tener en cuenta que, en ciertas circunstancias, ese patrón se transforma: los personajes son tan incoherentes como nosotros.

En el capítulo «La vida privada de los personajes»[**] me he referido a una manera de mostrar el contraste entre la actitud aparente de los personajes y lo que están pensando, al hablar de las miradas de los actores en *Mad Men*. Las miradas, el lenguaje corporal y ciertos gestos, pueden mostrarnos, como es obvio, que el personaje no dice lo que piensa o que no piensa lo que dice, en sus diversas variantes y combinaciones, así

---

[*] Ver p. 100 y ss.

[**] Ver p. 34.

como la relación real entre unos y otros*. Ver también la entrada: MOSTRAR LA CONCIENCIA DE LOS PERSONAJES.

Promete pero no cumplas

Se trata de un recurso dirigido claramente al espectador o lector. A veces se confunde con la tensión sexual no resuelta, pero no siempre tiene por qué ser así. Puede tratarse de una trama que se va enredando más y más, sin que parezca que vayamos a llegar a la solución nunca. En *Las paradojas del guionista* me referí a esta paradoja al analizar la refundación del cómic *X Men* por el guionista Chris Claremont.

Recuperación

Se trata de recuperar algo que hemos sembrado anteriormente, pero hacerlo de una manera especial, dándole otro sentido, revelando un aspecto nuevo, situándolo en un contexto nuevo.

En el humor, John Vorhaus dice que la recuperación es «la prima carnal de la broma repetida» y recuerda un ejemplo en *Tootsie:* «Julie le pregunta a Dorothy por qué utiliza tanto maquillaje, y Dorothy alude a un "problema de bigote". Más adelante, Julie besa a Dorothy y le dice: "Sí, ya noto ese bigote". Eso es una recuperación».

Para Vorhaus, la recuperación es una forma maravillosamente efectiva de terminar o «poner la guinda» a una escena, a una historia, a un *sketch* o incluso a una novela cómica.

Regla de tres (o La regla del tres)

Es la regla esencial para todos los humoristas. Se puede explicar de varias maneras, pero la idea básica es que el humor necesita un planteamiento, una confirmación y una resolución. John Vorhaus lo explica así:

---

* Ver p. 225.

> Este tipo de chistes se basa en tres repeticiones de la misma idea o tema. La primera presenta el tema. La segunda valida el tema, de la misma manera que el segundo punto define una línea. El tercer golpe rompe la secuencia. Introducción, validación, rotura. El chiste surge cuando el tercer objeto de la secuencia interrumpe la línea establecida por los dos primeros puntos y provoca risas al deshacer de forma tan explosiva las expectativas: «En el instituto me tomaban el pelo por lo típico: por mi altura, por el tamaño de mi nariz, ah, y por aquella desgraciada condena por pirómano...».

En la comedia clásica la regla de tres suele aplicarse recurriendo a tres personajes estereotipados, por ejemplo el serio, el tonto y el astuto.

Serio: plantea la situación.

Tonto: es víctima del serio y marca el primer chiste.

Astuto: da la vuelta a la situación y aumenta el chiste.

En la comedia del arte estos papeles suelen representarlos Pantaleón, el Doctor o Tartaglia (serios), Brighella o Coviello (bufones o criados pícaros y listos) y Arlequín o Polichinela (bufones o criados tontos); que entre los payasos clásicos adoptan las figuras de Carablanca (serio y estirado), Augusto (travieso y disparatado) y Contraugusto (torpe y tonto). En España triunfaron con este esquema Gaby, Fofó y Miliki y los Trilocos (Mané, Chifo y Fofito, o Nico en la segunda temporada). En otras ocasiones se trata de parejas de serio y tonto, como el Gordo y el Flaco (Laurel y Hardy); Fry & Laurie[*] o Abbot y Costello.

El esquema también puede funcionar con tres personajes listos, como los hermanos Marx: Groucho, listo intelectual; Chico, listo sinvergüenza, y Harpo, listo visual y sonoro. Y también si son todos tontos, como en la película de Woody Allen *Granujas de medio pelo*.

En cualquier caso, lo importante es validar o FIJAR LA PREMISA, es decir, informar claramente al espectador de la situación planteada, para que pueda entender la situación y después reírse con el cambio brusco, el

---

[*] Es decir, Stephen Fry (luego célebre como uno de los mejores actores británicos) y Hugh Laurie (célebre años después como el doctor House).

doble sentido o el final inesperado, como en el ejemplo más simple, las enumeraciones con final inesperado: «Grandes conquistadores españoles: El Cid, Hernán Cortés… Julio Iglesias».

La regla de dos

En ocasiones se puede evitar uno de los tres pasos y hacer dobletes con el mismo planteamiento, dando una solución sorprendente en el segundo caso, como en este ejemplo de la serie *Frasier:*

–Mi mujer se fue… Fue muy doloroso

–Mi mujer volvió… Fue terrible.

O en una versión moderna del cómico Borat: «Mi mujer se fue… ¡Choca esos cinco!», o el clásico recurso de las noticias buenas y malas: «Tengo una buena noticia: he dejado las drogas… Y tengo una mala noticia: no sé dónde».

En todos los casos, como se puede observar, se trata de crear una expectativa y romperla, a veces de manera brusca y repentina, otras mediante pasos intermedios (ver HUMOR). En casi todas estas situaciones también es importante el manejo de los gestos, la expresión y en especial las pausas.

Reparto de la información

A lo largo de este libro he hablado extensamente del reparto de la información entre el espectador y el protagonista, un elemento fundamental en la construcción de cualquier relato, pero en especial en el mundo audiovisual.

Ahora bien, el reparto de la información no solo se aplica en relación al espectador y el protagonista; también da excelentes resultados la manera en la que esa información se distribuye entre los diferentes personajes.

En muchas ocasiones, uno de los personajes y el espectador son cómplices y juegan con ventaja respecto a los demás. Así sucede a lo largo de casi todas las temporadas de *Breaking Bad*, donde el espectador y Walter White saben cosas que no sabe nadie más. Se podría decir que toda la serie se sostiene en ese privilegio informativo que compartimos con el protagonista, tanto en la relación de Walter con su socio Jesse como con su esposa, con su hijo, con su cuñado o con los diferentes criminales con los que se encuentra en su camino. De este modo, casi en cada minuto de la serie está presente la ironía dramática: «¡Ay, si ellos supieran!», pensamos. Uno de los mejores capítulos de la serie es «Ozymandias», el decimocuarto de la última temporada, donde asistimos a un momento de revelación para Jesse que los espectadores estábamos esperando desde varias temporadas atrás.

A pesar de que casi siempre el juego se produce entre lo que Walter y nosotros sabemos (pero que ignoran los demás personajes), en otro episodio antológico, el octavo de la quinta temporada («Gliding Over All»), los espectadores nos enteramos antes que Walter de que se ha producido una revelación que desvela una intriga que se remonta casi a los primeros capítulos.

En otras entradas se pueden encontrar muchos ejemplos de ese juego que consiste en repartir la información entre el espectador y los personajes, por ejemplo, en SUSPENSE Y SORPRESA.

Repetición

La repetición de un mismo suceso no suele ser muy efectiva en la narrativa escrita y puede provocar cierta confusión. La repetición de un mismo suceso no suele ser muy efectiva en la narrativa escrita y puede provocar cierta confusión.

En efecto, no parece tener mucho sentido volver a leer el mismo párrafo dos veces, como acaba de hacer el lector un poco más arriba. Como es obvio, en una historia cronológica, un mismo acontecimiento no se repite dos veces, excepto en casos como *Atrapado en el tiempo*, o relatos que jueguen con la idea del eterno retorno o con máquinas para viajar en el tiempo.

Sin embargo, en la épica antigua el empleo de la repetición era habitual, por ejemplo en *La epopeya de Gilgamesh*, donde nos cuentan lo que un personaje dice a otro, y poco después a este segundo personaje contando de nuevo todo eso que ya conocemos perfectamente, e incluso una tercera y una cuarta vez. La técnica tiene sin duda su origen en la tradición oral, donde había que situar al oyente y evitar que se perdiera en un relato que no podía revisar, como sí podemos hacer en un libro impreso, retrocediendo a las páginas anteriores. A pesar de que hoy en día esta técnica no se emplea mucho en la literatura escrita (al menos la repetición literal de una escena), sí puede ser un arma estupenda en el medio audiovisual.

Una manera de emplear la repetición consiste en cambiar el punto de vista (o el emplazamiento de la cámara, si se prefiere), como en *Persona* de Bergman, donde escuchamos una misma conversación primero viendo a quien habla y después a quien escucha, o mostrando un mismo acontecimiento desde diferentes puntos de vista, como en el llamado «efecto Rashomon»*. O como se hace en la serie *Masters of Sex*, cuando, en el último capítulo de la primera temporada, escuchamos la mitad de una conversación telefónica, es decir a uno de los interlocutores; meses después, en el primer capítulo de la segunda temporada, escuchamos esa misma conversación, pero ahora completa, lo que transforma de manera radical su significado.

También se emplea la repetición de manera brillante en el capítulo «La otra mujer» de *Mad Men*, como ya he contado en el capítulo «Orden y desorden en el relato audiovisual».**

La repetición es uno de los ejemplos más claros de la diferencia entre *historia* y *relato* y, como es obvio, su uso crea estructura, puesto que establece una relación entre dos o más momentos repetidos. No hace falta decir, por otra parte, que es un recurso dirigido de manera explícita y casi exclusiva al espectador, ya que es por completo invisible para el personaje; la excepción, como siempre, sería un relato dentro del relato, donde el personaje hiciera las veces de espectador, por ejemplo un investigador que contempla o escucha dos veces una misma grabación, como en *La conversación*, de Francis Ford Coppola.

---

* En *Las paradojas del guionista* hablo de este efecto, llamado así por la película *Rashomon*, de Akira Kurosawa.

** Ver p. 61 y ss.

Un estupendo ejemplo reciente del uso combinado de la anticipación y la repetición se puede ver en dos capítulos de la serie *Better Call Saul*, de Vince Gilligan. Tras mostrarnos un truco propio de estafadores en el que participa el protagonista, Saul Goodman, varios capítulos después la narración nos lleva inevitablemente a la repetición de ese truco, pero con un resultado muy diferente (pero también en cierto modo anunciado)*.

La repetición en el humor

Repetir algo es uno de los mecanismos más usados en la comedia y el humor. Es un recurso que se puede emplear de muy diversas maneras:

El personaje intenta hacer algo una y otra vez y siempre le sale mal: éste era un mecanismo recurrente en el cine mudo y también lo es en *Mr.Bean*.

Varios personajes intentan hacer algo, cada uno a su manera, y todos ellos fracasan. Por ejemplo, las candidatas a princesa que se prueban el zapato en *Shrek*.

Una misma situación es vista por distintos personajes: es una combinación de los dos casos anteriores y tiene lugar cuando se producen diferentes reacciones ante un mismo acontecimiento.

El *running gag* o gag recurrente: consiste en una acción o una actitud que se repite una y otra vez, como algo que se repite sin explicación aparente, como un operario que pasa con una escalera por delante de dos presentadores de un informativo. Este tipo de gags suelen exigir una graduación de reacciones por parte de las víctimas: la primera vez que pasa el hombre de la escalera los presentadores siguen como si nada, la segunda vez se miran extrañados, la tercera intentan disimular, y así hasta que acaban explotando de alguna manera (se enfurecen, lloran, suplican al hombre de la escalera, aparecen ellos mismos con otra escalera, etc.).

---

* El lector interesado puede disfrutar del excelente juego de anticipación y repetición al que me refiero viendo la escena del reloj que aparece en el capítulo 4 de *Better Call Saul* y, después, con el reencuentro entre Marco y Saul en el capítulo 10. Aquí lo he contado de manera poco clara para evitar *spoilers*. La serie de Vince Gilligan es un compendio muy recomendable de técnicas narrativas que se alejan de lo habitual.

La coletilla repetida: variante extrema del *running gag*. Puede tratarse de una palabra o frase que el espectador espera con expectación, como «¿Qué pasa neeeng?» (Edu Soto) o «Qué va, qué va, yo leo a Kierkegaard» (Faemino y Cansado), o lo que decían todos los personajes cómicos que aparecían en el concurso «Un, dos, tres». Es un mecanismo realmente sencillo y hasta podríamos considerar que demasiado fácil, pero tiene una efectividad asombrosa y ha salvado más de un programa de televisión.

En algún caso, la repetición sin más puede acabar creando una tensión que acaba estallando. Mark Twain relata en sus memorias que usó varias veces este mecanismo en sus actuaciones humorísticas en teatros. Por ejemplo, salía al escenario y se quedaba en completo silencio durante más de un minuto; el público esperaba expectante los chistes de Twain, pero al ver que no hacía nada empezaba a sentirse desconcertado, hasta que, al prolongarse de manera insostenible el silencio, la tensión nerviosa comenzaba a estallar en sonrisas, risitas nerviosas, codazos y, finalmente, en estruendosas y contagiosas carcajadas. Twain cuenta que en otras ocasiones se lo ponía a sí mismo incluso más difícil: contaba a propósito un chiste malo o una anécdota tan tópica que resultaba casi patético escucharla de nuevo. Y entonces la repetía como si el público no hubiera entendido el chiste, una y otra vez, hasta que se producía la descarga de la tensión acumulada en forma de risa incontenible. Pero el propio Twain explica que en algunas ocasiones llegó a sudar temiendo que ese momento no llegaría a producirse. Un cómico moderno que empleaba a menudo el método de Twain era Andy Kaufman, cuya vida fue llevada al cine en *Man of the Moon*, con Jim Carrey como protagonista.

Variación en la repetición

Como se ha podido observar en varios de los casos comentados, la repetición raramente consiste en volver a hacer una y otra vez lo mismo. Hay pocos casos en los que la repetición literal funcione sin más (a excepción de ciertos *running gags* y coletillas o los arriesgados experimentos de Mark Twain y Andy Kaufman), y casi siempre la repetición contiene algún tipo de variación: un personaje intenta hacer lo mismo de diversas maneras, diferentes personajes intentan hacer lo mismo, el mismo personaje intenta cosas diferentes de la misma manera, etcétera.

De todos modos, casi siempre es importante que el espectador anticipe de qué nueva manera van a intentar conseguir su objetivo los personajes, y que, al mismo tiempo, en el fondo desee que no lo consigan. Esta es una interesante diferencia entre tragedia y comedia, porque en la tragedia el espectador suele desear que el personaje consiga algo, y, cuando no lo consigue, eso le entristece.

Secuencialidad

Se puede hablar de la secuencialidad en el mundo audiovisual al menos desde dos puntos de vista: por una parte, refiriéndonos a sus características como arte secuencial, desde los fotogramas del celuloide a la división en planos; por otra parte, en relación con el contenido o la trama, lo que hemos llamado pasos narrativos. De una u otra manera, la secuencialidad es junto con el aspecto audiovisual, lo que define al cine como arte narrativo. También es un aspecto que suelen descuidar los guionistas e incluso los directores y montadores. En varias de estas técnicas narrativas se pueden encontrar ejemplos muy relacionados con lo secuencial, pero de manera muy especial en TRANSICIÓN ENTRE ESCENAS.

En el apartado «La mirada audiovisual»* me he referido a aspectos importantes de la naturaleza secuencial propia del cine o la televisión. También en «Orden y desorden en el relato audiovisual»** he examinado uno de los aspectos más importantes relacionados con la construcción del relato secuencial.

---

* Ver p. 163 y ss.
** Ver p. 61 y ss.

Sexposición

El término «sexposición» (*sexposition*) fue popularizado por el crítico Miles McNutt en 2011, cuando dijo que en la serie *Juego de tronos* más que EXPOSICIÓN lo que se hacía era *sexposición*, al ofrecer escenas de alto contenido erótico en las que se transmitía importante información. El truco consistía en que el espectador estaba tan interesado y entretenido en lo que veía, que apenas se daba cuenta de que le estaban dando información casi pura. Los creadores de *Juego de tronos*, David Benioff y D. B. Weiss admitieron que eso sucedía en las primeras temporadas, pero que poco a poco usaron menos el recurso. Un ejemplo de sexposición especialmente notable tiene lugar en el episodio séptimo de la primera temporada, cuando Meñique, el propietario del prostíbulo, explica a dos de sus chicas cómo deben excitar a un hombre y, al mismo tiempo, cuenta su pasado y sus objetivos con todo detalle. Otras series célebres por su sexposición (y anteriores a *Juego de tronos*) son *Deadwood*, de David Milch y *Los Soprano*, de David Chase.

Siembra

La siembra o *planting* es la manera de preparar al espectador para que vaya aceptando lo que queremos contarle, y en especial para que acepte las resoluciones y los desenlaces. Es el método que sirve, también, para evitar un *deus* o un *diabolus ex machina*. Es, en definitiva, un recurso para sugestionar al espectador, de maneras más o menos sutiles y de dirigir su atención, por lo que es uno de los aspectos a los que hay que prestar más atención al revisar el guión desde el punto de vista del espectador, por ejemplo cuando se emplea el método empático que he propuesto en este libro.

En el apartado «Diferentes desenlaces»[*] he hablado del truco narrativo que consiste en preparar al espectador para dos o tres desenlaces, de tal modo que, aunque por un lado anticipa el desenlace, sea cual sea,

[*] Ver p. 73 y ss.

por otro lado, hasta el último momento no está seguro de qué pasará exactamente. Lo comparé con la previsibilidad de la tirada de un dado: sabemos que saldrá un número del 1 al 6, pero no sabemos qué número será de esos seis. En ocasiones se trata de una dicotomía sencilla pero que mantiene en vilo al espectador («¿Se quedará con su nuevo amor o seguirá con el antiguo?», «¿traicionará a su patria o a sus ideas?»), pero en otras situaciones se puede tratar de situaciones y decisiones de cierta complejidad. Este trabajo subterráneo del guionista marca a menudo la diferencia entre que una película guste o no guste al espectador, pues el factor de coherencia en el relato es uno de los elementos que más tenemos en cuenta ante cualquier narración.* También, en el apartado mencionado, me he referido a la siembra de un único desenlace posible, por ejemplo cuando todo conduce hacia una fatalidad anunciada, ya sea de manera explícita o mediante poderosas sugestiones.

En la entrada ESCENA TESIS también me he referido a un momento de especial importancia en la siembra, que ayuda a preparar al espectador para que acepte lo que le vamos a dar finalmente; en este caso, no tanto referido a una situación o elección concreta, sino en relación a la conclusión moral, la moraleja o la intención final de nuestro relato.

Simbolismo

El simbolismo es probablemente uno de los recursos narrativos de los que más se ha abusado. Muchas veces sirve para dotar de aparente profundidad a algo que carece de ella, mediante la simple trasposición: «Este relato simboliza esto otro, luego posee las virtudes de eso que simboliza». Como decía Borges, las palabras ya son símbolos en sí mismas al representar, con sus letras o sonidos, conceptos, ideas o cosas, así que el lenguaje simbólico es casi siempre una redundancia. Sin embargo, el nivel simbólico de un relato en ocasiones está ahí como una capa narrativa más que lo puede hacer más interesante o denso, o que puede gene-

* Incluso en los *culebrones* la coherencia es importante, aunque se produzca *a posteriori* de la sorpresa y con una concepción de las leyes de la lógica mucho más permisiva.

rar ciertas emociones en el espectador, por esa reverberación del sentido adivinado o sugerido.

Sonido acustomático

El sonido acusmático es aquel cuya fuente u origen se desconoce. Puede ser la voz de un personaje, una explosión, un extraño zumbido... Uno de los más célebres ejemplos del uso de este recurso es la voz del mago de Oz en *El mago de Oz*. A lo largo de toda la película escuchamos esa poderosa voz, que aterra y llena de esperanzas a Dorothy y sus amigos, pero es solo casi al final de la película cuando descubrimos que detrás de esa voz solo hay un pobre tipo que se esconde tras una cortina. Existe, por cierto, una curiosa relación entre lo acusmático y Pitágoras. El célebre filósofo amante de las matemáticas tenía dos clases de discípulos, los matemáticos y los acusmáticos. Los matemáticos, los más privilegiados y cercanos al maestro, eran aquellos que podían ver las demostraciones geométricas, los trazos y las figuras; los acusmáticos, sin embargo, solo escuchaban las demostraciones a través de una cortina, pero no podían verlas, y tampoco a Pitágoras.

Otro ejemplo de sonido acusmático es el de la madre de *Psicosis*.

Se trata de un mecanismo que puede afectar tanto a los personajes como al espectador, o a ambos al mismo tiempo, como en *El mago de Oz*, y es también una manera de crear una estructura, puesto que para que haya una revelación acerca de un sonido, antes tenemos que construir un misterio y una intriga acerca de dicho sonido.

Suspense y sorpresa

El suspense es una de las herramientas fundamentales para mantener el interés del espectador, pero, como explica Eugene Vale con mucha claridad, muchos guionistas cometen el error de pensar que el suspense consiste en ocultar al espectador información, pero se trata de todo lo contrario: para que exista suspense, el espectador debe saber qué es lo que pretenden conseguir los personajes, cuáles son sus planes para alcanzar ese objetivo, cuáles son los planes de los enemigos, o cómo se gana y cómo se pierde. En muchas ocasiones, el suspense se puede construir con mucha eficacia sobre la ignorancia de los personajes: ellos no saben algo que sí sabe el espectador, porque lo que para ellos será una sorpresa para nosotros se convierte en un suspense prolongado.

Por regla general, cuando el espectador sabe más que el personaje se produce suspense, mientras que si es el personaje el que sabe más entonces el resultado es la sorpresa (para el espectador, claro).

Por otra parte, cuando el espectador sabe que un personaje va a ser sorprendido, entonces se crea expectativa, suspense o curiosidad, por ejemplo en relación a cuál será su reacción.

Teaser

Me refiero aquí al *teaser* o *cold open* (entrada en frío) tal como se aplica a la escena o escenas que suelen situarse antes de los créditos de una serie. Aparte de sus características de promoción, puede tener diversas funciones narrativas:

Anticipo: muestra o sugiere algo que se va a ver en la película o en el episodio.

Lanzador de tramas: las principales tramas del episodio son presentadas en una primera escena. Es muy típico en series de multitrama convencional, en las que los personajes se encuentran en una cocina (*Los Serrano*) o en la mesa de redacción (*Periodistas*) o en los despachos de la comisaría (*Policías de Nueva York*).

Puede tratarse simplemente de la primera escena del capítulo de la serie.

También puede emplearse de manera más compleja, por ejemplo para contar una historia a través de varios *teaser* sucesivos, como se hizo a menudo en *Breaking Bad.*

En *Breaking Bad* también se usaban los *teaser* para contar una mini-historia muy cinematográfica, que se llevaba una parte importante del presupuesto de cada capítulo.

Para terminar con *Breaking Bad*, hay que recordar el *teaser* del primer capítulo, que es un poderoso gancho para despertar la atención del espectador, cuando vemos unos pantalones volando en el cielo azulado y enseguida a un tipo en calzoncillos y con una máscara antigás conduciendo una autocaravana por el desierto, con otro tipo con máscara desmayado a su lado y otros dos aparentemente muertos que se deslizan entre líquidos en la parte de atrás. El actor Bryan Cranston confesó tiempo después que nada más leer ese *teaser* decidió que tenía que conseguir el papel de Walter White fuese como fuese. Y lo consiguió.

Tensión sexual no resuelta

Consiste en sugerir que va a pasar algo que después no tiene lugar, pero que sigue ahí, siempre presente: un beso o una noche de sexo entre los protagonistas, una petición de boda o una boda que se pospone una y otra vez... Pero no tiene por qué tratarse siempre de algo amoroso o sexual, sino que puede ser cualquier evento que el espectador imagina y muchas veces desea y que no se produce, como un personaje que en cada episodio está a punto de escapar de su prisión, una estudiante que nunca logra aprobar el examen de conducir, o un coyote que nunca consigue atrapar a un correcaminos.

La tensión sexual no resuelta es uno de los mecanismos más empleados en las series de televisión, en especial en las de corte más convencional, aunque no está ausente de algunas de las mejores series de canales como HBO, Netflix o AMC, por ejemplo en *Breaking Bad*. Se podría remontar al menos a la *Odisea*, con Ulises siempre a punto de emprender el camino a Ítaca y siempre retenido (por Posidón, Circe, por Calipso, por los feacios, por el cíclope Polifemo y, casi casi, por las sirenas).

En muchas ocasiones, la tensión sexual se dirige tanto al espectador como a los personajes: ellos pueden estar tan deseosos como nosotros de que tenga lugar ese beso tan largamente pospuesto. Sin embargo, en ciertas ocasiones la tensión sexual no resuelta solo afecta al espectador y los personajes ni siquiera son conscientes de ella. Un ejemplo en este último sentido es el de muchos momentos cómicos en los que parece que al personaje le va a suceder algo de lo que no es consciente pero que sí ve el espectador, por ejemplo si se mueve junto a un abismo mientras se preocupa por otras cosas.

En las películas, se usa menos la tensión sexual no resuelta y más la tensión sexual resuelta (que se resuelve, por regla general en el desenlace), porque se corre el riesgo de que el espectador se quede insatisfecho si queda sin resolver.

Teoría de la iluminación

Es la teoría del escritor Henry James que nos dice que debemos considerar al personaje como una zona oscura, en la que solo debemos iluminar ciertas partes. Eso hará interesante al personaje, mientras que una iluminación plena lo convertirá en trivial.

El método no tiene por qué limitarse a los personajes, sino que también es útil considerar la *historia* como la parte en sombra y el *relato* las partes iluminadas de esa historia.

Como es evidente, se trata de un mecanismo narrativo dirigido casi en exclusiva al espectador, aunque en un *relato* puede formar parte de la trama el hecho de que uno de los personajes (por ejemplo un detective) tenga una visión incompleta de otro de los personajes, como sucede en *Chinatown*. Naturalmente, se puede jugar mucho con esa ignorancia parcial y lo que el espectador sabe a su vez.

Tópicos cinematográficos

Del mismo modo que el guionista puede prever lo que pensará el público, en muchas ocasiones también el público es capaz de prever lo que harán... los guionistas. Después de más de cien años de cine, medio siglo de televisión y unas cuantas décadas de contenidos digitales, los guionistas y directores se han convertido en una especie muy previsible, en especial en el cine de género: la rubia tonta será una de las primeras en morir en una película de terror, el héroe siempre encontrará un agujero para la ventilación por el que escapar arrastrándose, los personajes encenderán la tele o la radio en el preciso momento en el que comentan algo que será vital para ellos, el soldado que enseña a los demás una foto de su novia suele morir el primero. A estas certezas del cine comercial se une la previsibilidad de las estructuras más empleadas. Ahora bien, los guionistas también pueden emplear los códigos cinematográficos más repetidos y tópicos para darles la vuelta.

Edgar Wright, en *Zombies party* nos prepara para la típica escena en la que el protagonista va a poner la tele y enterarse de algo terrible, pero en vez de suceder de la manera habitual, nos muestra al protagonista zapeando compulsivamente entre diferentes canales, sin darse cuenta de algo que los espectadores sí logramos captar, a pesar de ese *zapping* frenético entre todo tipo de otros contenidos audiovisuales: que se está produciendo en ese mismo instante algo muy semejante al apocalipsis. Es una escena muy divertida, en la que, además de darle la vuelta a un tópico, Wright hace un uso muy inteligente del reparto de la información entre el espectador y los personajes: los dos vemos lo mismo, pero nosotros, los espectadores, nos damos cuenta de aquello que al protagonista se le escapa, lo que provoca una simpática ironía dramática. De hecho, la primera media hora de la película juega de manera muy ingeniosa con esa ignorancia del protagonista de algo que nosotros vemos constantemente.

En definitiva, puesto que el guionista puede prever que eso que está pensando incluir en el guión resultará previsible para el espectador, por ejemplo empleando técnicas como el método empático, también puede detenerse un instante y pensar en una nueva manera de contarlo. En cualquier caso, siempre es recomendable para un buen guionista no conformarse con la primera idea que se le ocurre ante una situación dramática, porque esa idea será probablemente la misma que se le ocurrirá a casi todos los espectadores. Es mejor quedarse con la segunda idea, o mejor con la tercera o la cuarta.

Transición entre escenas

El enlace entre escenas es una de las herramientas que definen al verdadero narrador audiovisual, pues demuestra que tiene en cuenta la naturaleza secuencial del medio para el que trabaja. Al contrario que en la literatura, donde todo puede estar unido de una manera bastante fluida, en el cine o la ficción televisiva tenemos que ofrecer segmentos separados, ya se trate de escenas o incluso de planos. La excepción sería el plano secuencia, pero no es frecuente que una película entera sea un único plano secuencia, como en el caso de *El arca rusa*, de Sokúrov (ni siquiera lo es *La soga* de Hitchcock).

Esa naturaleza secuencial existe, por supuesto, para el espectador, pues se supone que los personajes viven vidas continuas en su mundo de ficción y que no aparecen y desaparecen cada vez que cambiamos de escena.

El buen uso de los enlaces entre escenas es también una forma de crear microestructuras en el relato, pues algunas obras, como decía William Archer[*], son como los eslabones de una cadena, con escenas, cuadros o *tableaux* unidos de principio a fin, como en el caso de *La Ronda* de Schnitzler o gran parte de *Balas sobre Broadway*, donde casi cada escena anuncia o anticipa la siguiente[**].

Jeffrey Michael Bays, en *Between the Scenes* (*Entre las escenas*) un libro indispensable para cualquier guionista, director y montador, examina ese espacio tan importante, invisible pero tan poderoso, que es la transición o la relación entre escenas.

He examinado algunas de sus aportaciones en los capítulos «Un universo entre dos planos»[***] y «El arte de la transición»[****]. Pero el libro de Bays esconde muchas observaciones inteligentes y estimulantes. Por ejemplo,

[*] Archer distinguía entre estructuras en forma de Partenon, en forma de pudin y en forma de cadena (William Archer, *Playmaking, a Manual of Craftmanship,* 1912, edición digital Gutenberg 2004).

[**] Como he explicado en «Un universo entre dos planos» (p. 144 y ss.).

[***] Ver página 144.

[****] Ver página 148.

Bays llama la atención acerca de una de las funciones de los fundidos: el fundido a negro, dice, es una localización en sí mismo, es un lugar donde no hay nada y donde el tiempo no se para, sino que se mantiene, por lo que el espectador, ante un fundido a negro «es llevado a pensar en lo que ha visto». Por el contrario, un fundido a blanco es, más que una frontera entre escenas, más bien un puente que lleva a lo siguiente: la mente del espectador no se detiene por un instante a reflexionar en lo que ha visto, sino que avanza hacia lo siguiente. Bays, recuerda también interesantes ejemplos de transiciones mediante todo tipo de elementos, como el de los hermanos Coen en *Muerte entre las flores*: son las puertas las que hacen las veces de los fundidos. El gran maestro del uso narrativo de las puertas es, por supuesto, Ernst Lubitsch, al que la gran estrella del cine mudo Mary Pickford hizo despedir por estar más interesado en las puertas que en ella: «¡Puertas! Es un director de puertas! ¡Lo único que le interesan son las puertas!»*. Lo que no sabía Mary Pickford es que esas puertas estaban puestas allí o eran mostradas por la cámara porque Lubitsch siempre pensaba en el espectador: sabía que imaginar lo que sucede tras una puerta a menudo es más interesante que verlo.

Al hablar de la película *Dos en la carretera*, de Stanley Donen, también he explicado cómo la mera sucesión de dos escenas puede hacer que los personajes parezcan responderse desde tiempos diferentes, lo que también pueden hacer, por supuesto, desde lugares distantes.**

Unidades no subsumibles

Stanley Kubrick pensaba que una película tiene unos sesenta pasos narrativos, pero decía que lo realmente importante eran las «unidades no subsumibles». Éstas pueden ser episódicas, en el sentido de no estar conectadas de una manera clara en planteamiento-desarrollo-desenlace. Esas unidades son, según Kubrick, lo que realmente define una película

* Citado en *Master Space: Film images of Capra, Lubitsch, Sternberg and Wyler*, de Barbara Bowman (Praeger, 2001).

** Ver p. 55.

y no pueden o no deben ser eliminadas. En una película tenía que haber entre seis y ocho de esas unidades, o al menos así se lo dijo en una ocasión al escritor de ciencia ficción Brian W. Aldiss: «Olvídate de toda la estructura narrativa: lo único que necesitas para una película, son entre seis y ocho unidades no subsumibles».*

En *2001, una odisea del espacio*, hay, según parece, siete de esas unidades, cada una de ellas compuesta por un número variable de pasos:

> El monolito visita a la humanidad en su origen.
>
> Un primer hombre descubre la tecnología (el hombre que adora a la Luna rompe los huesos).
>
> El monolito es encontrado en la Luna por astronautas y envía un mensaje a Júpiter.
>
> La humanidad envía una nave tripulada a Júpiter para investigar.
>
> La tecnología avanzada *(Hal)* pone en peligro a la humanidad.
>
> La tecnología es vencida y el superviviente humano entra en contacto con los extraterrestres.
>
> Nace el niño de las estrellas.

En opinión de Kubrick estas estructuras no subsumibles no tienen por qué estar perfectamente conectadas ni tampoco crear una estructura definida; ni siquiera es necesario que el espectador las entienda plenamente: la imposibilidad de conectar esas unidades de manera precisa es una de las razones de la ambigüedad y el misterio que Kubrick buscaba en sus películas.

A Charlie Kaufman también le gusta trabajar con lo que él llama «estructuras modulares», unidades narrativas que se pueden combinar de diferentes maneras y que no tienen un único ordenamiento posible. Así, en *Adaptation* tuvo que elegir entre diferentes posibilidades. Aunque el orden final no es arbitrario, sino que se basa en diversas razones,

* Paul Joyce's *The Last Movie* (documental).

al principio ese orden estaba completamente abierto: «Había un número infinito de opciones en *Adaptation*», por lo que pasó gran parte del tiempo de preparación del guión colocando y recolocando los módulos para ver qué efectos se podían lograr de una u otra manera*.

Voz en off

El uso de la voz en off está casi siempre dirigido al espectador, a no ser en casos en los que, por ejemplo, un personaje le está contando algo a otro en el interior de un *flashback*. Puede ser el pensamiento del personaje o la voz de un narrador, que puede participar o no en lo que vemos. Aquí pueden aplicarse casi todas las posibilidades de la narrativa general: narrador omnisciente, confidente que le explica algo a otro, diarista, narrador no fiable, etcétera.

Muchas veces es un recurso que permite que el espectador perciba dos relatos paralelos, que se enriquecen o contradicen o complementan: por una parte lo que ve y, por la otra, lo que el narrador está diciendo acerca de lo que se ve. Es un elemento muy efectivo en el humor.

A veces no se emplea como una voz en off que se escucha al mismo tiempo que lo que vemos, sino como un hablar a cámara del personaje que será respondido antes o después por lo que veremos, como sucede en *Annie Hall* de Woody Allen, o en la webserie y luego serie de televisión *Qué vida más triste*, creada por Rubén Ontiveros, donde el protagonista Borja ofrece su versión acerca de algo que ha sucedido o sucederá y enseguida descubrimos que la realidad no tiene nada que ver con lo que nos ha dicho.

* «Charlie Kaufman entrevistado por David F. Goldsmith & Jeff Goldsmith» (Creative Screenwriting, noviembre/diciembre de 2002).

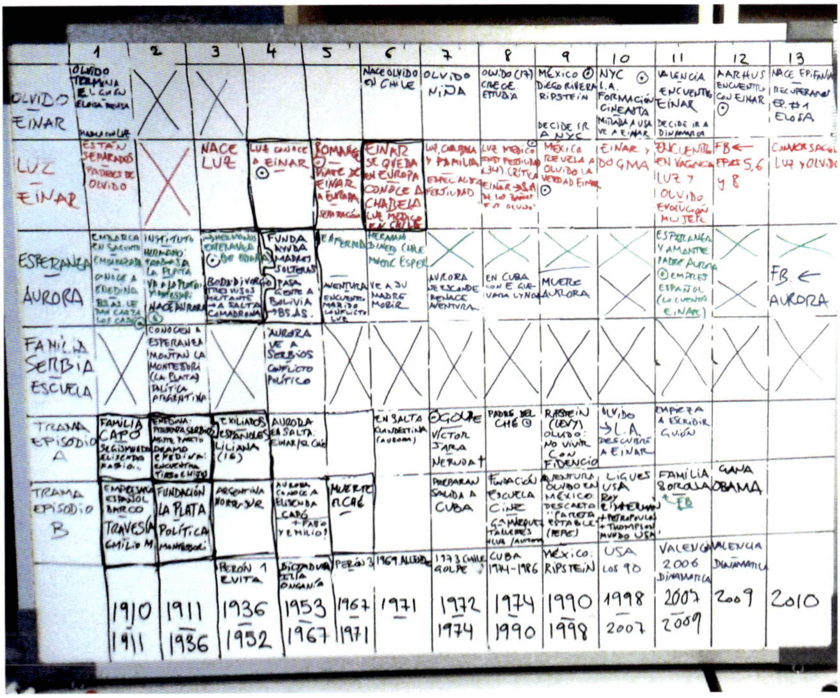

Pizarra de temporada de la serie *Las Martí,* creada por Antonio Vélez Catrain. Cada uno de los 13 episodios de la temporada ocupa una columna. Se puede apreciar que hay seis tramas que se mantienen toda la temporada, aunque alguna de esas tramas parece tener menos importancia, como muestran las grandes X en las casillas de la cuarta trama. Además de las tramas fundamentales (las tres primeras), en cada episodio hay dos tramas secundarias, generalmente autoconclusivas. Cada columna se convertirá después en una pizarra de episodio.

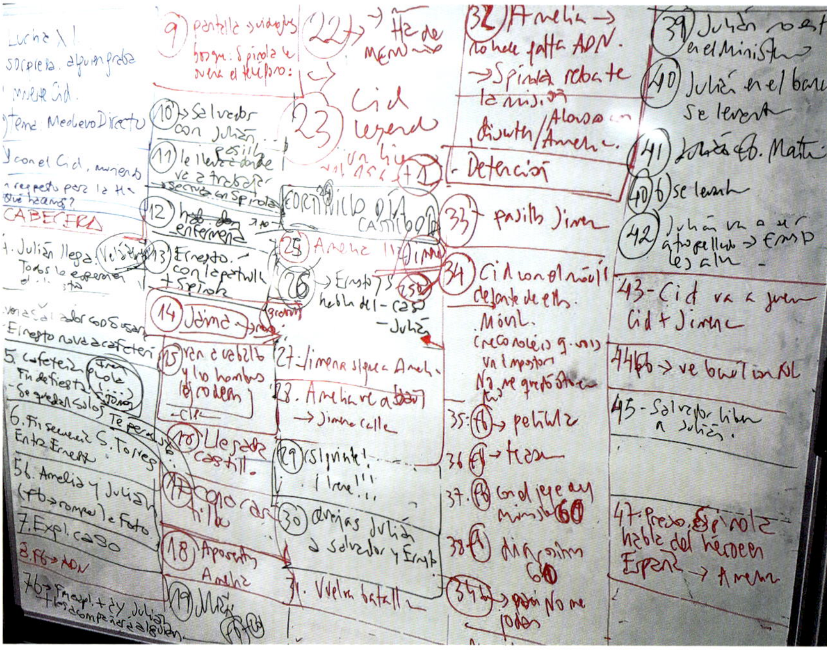

Pizarra de episodio de la segunda temporada de la serie *El Ministerio del tiempo,* creada por Javier y Pablo Olivares. En este caso no se trabaja con actos explícitos y se elaboran 60 escenas o pasos narrativos por episodio (aquí se ven 47, el resto está al otro lado de la pizarra). Se emplean dos colores (negro y rojo) para indicar si la acción transcurre en el presente o en el pasado. Una vez que la pizarra de episodio está completa, tras muchas tachaduras, cambios de lugar, reelaboraciones y reescrituras, se convierte en el Mapa de Tramas.

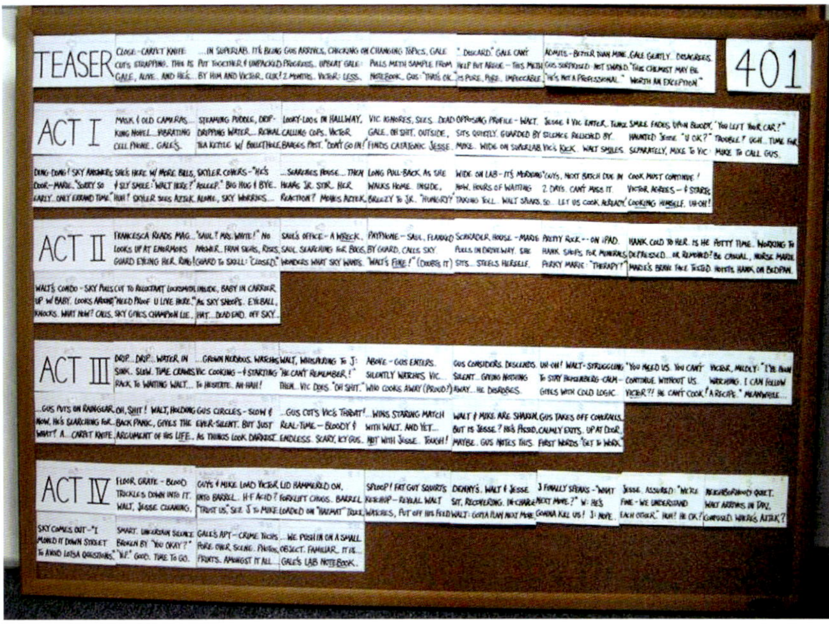

Otro ejemplo de **pizarra de episodio,** en este caso del primer capítulo de la cuarta temporada de *Breaking Bad,* con un tablero de corcho y fichas. Se divide en un *teaser* o anticipo y cuatro actos (porque en el canal AMC hay publicidad).

DEVUÉLVEME LAS LLAVES DE LA MOTO

1. **PUERTA DE CASA. EXT. DÍA 1.** MARCOS y EVA contemplan la moto nueva de RAÚL, que les cuenta que se la ha regalado su tío ANDRÉS. MARCOS, con un puntito de envidia. RAÚL, que está hinchadísimo, invita a MARCOS a dar una vuelta y probarla, pero MARCOS no puede porque va fatal estudiando para el examen que tienen al día siguiente. EVA, sin embargo, ya está acabando de repasar, así que acepta la invitación. MARCOS se queda mohíno viéndoles alejarse al fondo de la calle.

2. **COMEDOR. INT. TARDE 1.** MARCOS estudia con el libro abierto por las primeras páginas. Le cuesta mucho concentrarse. DIEGO, que está leyendo el periódico por ahí, le ve levantarse continuamente y distraerse con el vuelo de una mosca. Pero se contiene y espera. MARCOS le comenta que a RAÚL le han regalado una moto alucinante y que él daría lo que fuera por una así. Entonces DIEGO pierde la paciencia y le echa una bronca del estilo "sois una panda de mendrugos y nunca vais a llegar a nada, cómo vas a tener tú una moto si llevas siete suspensos este curso" y se va calentando hasta que le amenaza con que si no aprueba este último examen, se va a quedar un mes en casa sin salir. MARCOS se queda muy fastidiado y arrepentido de haber abierto la boca.

3. **SALÓN. INT. NOCHE 1.** Llega EVA intentando no hacer mucho ruido y se encuentra a MARCOS en el sofá, con todos los apuntes esparcidos por el suelo y con aspecto de estar muy agobiado. MARCOS le cuenta la amenaza de su padre. EVA se compadece de él. Él le pide ayuda. EVA, aunque notamos que está cansada, accede a ayudarle. Momentos de feeling y complicidad. Si antes MARCOS no lograba concentrarse, ahora mucho menos. EVA recibe un mensajito al móvil y está tan entusiasmada que no puede evitar contar a MARCOS que JOAN le va a dar otra oportunidad, que tiene que ir a Barcelona este fin de semana y que con eso las cosas se arreglan entre ellos seguro. MARCOS intenta alegrarse con ella, pero se le nota el desagrado hacia el cantautor.

4. **CLASE EVA-MARCOS. INT. DÍA 2.** Todos los alumnos están sentados en silencio. EVA y MARCOS muy cerca. CANDELA, en su estilo "Rotenmeyer", explica mecánicamente las normas de los exámenes: el que copia o ayuda a copiar es inmediatamente suspendido, está terminantemente prohibido hablar o mirar las hojas de los compañeros, etc... Mientras habla va paseando por las mesas y quitando chuletas a los alumnos de los sitios más insospechados, aunque obviamente conocidos por ella, con el comentario de "haber si innovais, panda de cretinos". Se inicia el examen con "ya podéis dar la vuelta al test, tenéis 45 minutos".

hSc	Loc.	Tiempo	Descripción. Capítulo 4. Los Serrano
			PROLOGO
1	COMEDOR	(DÍA O)	MARCOS, GUILLE y CURRO están sentados en la mesa del comedor en plan estudio, aunque hacen de todo menos concentrarse en los deberes. CURRO y GUILLE juegan al fútbol con garbanzos. Risas, charla y poco estudiar. Mientras en OFF Curro nos cuenta en off: *ha llegado una de las peores épocas para su familia, que es la época de exámenes. Lo malo es que, desde que tenemos nuevas hermanas, nosotros parecemos mucho más mendrugos que antes porque como ellas son tan listas, tan organizadas y tan empollonas...Así que este curso "papá está mucho más cabreado que otras veces"*. MARCOS y GUILLE estudian. Se entretienen con una mosca. DIEGO les echa un bronca del quince. Pone de manifiesto lo cazurros que son, toda la vida decepcionándole, que no van a ser nada en la vida, etc... De fondo está la rabia que le da que sus nuevas hijas sean mejores que sus hijos.
			CABECERA
			ACTO I
2	COCINA	DESAYUNO (DÍA 1)	MARCOS, que ha madrugado, estudia con el libro abierto por las primeras páginas. Le cuesta mucho concentrarse. DIEGO, que está preparando el desayuno, le ve levantarse continuamente y distraerse con el vuelo de una mosca, pero se contiene y espera. MARCOS le comenta que a RAUL le han regalado una moto alucinante y que él daría lo que fuera por una así. Entonces DIEGO pierde la paciencia y le echa una bronca del estilo "sois una panda de mendrugos y nunca vais a llegar a nada, cómo vas a tener tú una moto si llevas siete suspensos este curso" y se va calentando hasta que le amenaza con que si no aprueba este último examen, se va a quedar un mes en casa sin salir. MARCOS se queda muy fastidiado y arrepentido de haber abierto la boca. Llegan todos a desayunar más SANTIAGO. GUILLE intenta ganarse a LUCIA, que no se encuentra nada bien, para que le suba un poco la nota de lengua. Tiene un cuatro, casi aprobado. LUCIA le da largas. GUILLE insiste. DIEGO le llama la atención. TETÉ se ríe del morro que tiene. Ella ha sacado un notable de media. DIEGO mosca. SANTIAGO y DIEGO comentan la comida anual del Titánico Club de Fútbol.
3	CLASE DE LUCÍA	(DÍA 1)	LUCIA, que casi no puede disimular las nauseas que siente, les dice que al día siguiente hay un examen sorpresa para subir nota. Mira a GUILLE con complicidad "Los suspendidos que lo hagan bien aprobarán". GUILLE, en su afán de recuperar el respeto de sus compañeros y aprovechando que la nueva profesora es su madrastra, les propone a sus compinches, que como él están todos suspendidos, conseguirles las preguntas del examen. MUSTAFA, BOLICHE y CHI NORRIS, encantados. Eso sí, el aprobado tiene un precio... y se paga por adelantado. Estos le avisan de que si les toma el pelo le darán una paliza.

A la izquierda **Tramas separadas** del capítulo 4 de la primera temporada de *Los Serrano.* Este documento se escribe a partir de la pizarra de episodio, concentrándose por separado en cada una de las tramas.

A la derecha, **Mapa de tramas** del mismo capítulo de *Los Serrano.* En esta ocasión hay que situar los pasos de las tramas separadas en las escenas que va a tener el episodio. Cada recuadro es una escena. Como se puede observar, hay escenas en las que se desarrolla una de las tramas (solo hay un color), mientras que en otras hay pasos narrativos de las cuatro tramas (roja, lila, verde y azul). A partir del mapa de tramas, se escribe el guión. En *Los Serrano,* cada uno de los recuadros equivale a entre dos y tres páginas de guión (un total de 80 páginas en este episodio). También se trabajaba con actos explícitos, a pesar de que en España las cadenas de televisión no respetan los cortes a publicidad decididos por los guionistas.

Anexo

Técnicas narrativas en *Las paradojas del guionista* y *El guión del siglo 21*

Algunas de las técnicas narrativas aquí descritas se pueden encontrar, aunque explicadas de otra manera y con diferentes ejemplos en otros libros que he publicado, por lo que al lector le puede interesar consultarlos. Para los lectores interesados en alguna técnica en concreto que deseen ampliar la información, ofrezco unas rápidas referencias, sin la intención de ser exhaustivo.

ACAUSALIDAD: en *Las paradojas del guionista* se pueden consultar los apartados «Causa y efecto y secuencialidad» y «Causas sin efecto y efectos sin causa», que da nombre a una de las paradojas del libro. En *El guión del siglo 21* me referí de manera extensa a la estructura previsible del cine de Hollywood y a cómo ciertas películas y nuevas series de televisión la dinamitan y proponen una narración que se sale de los caminos más trillados. También al uso del mecanismo *acausal* en Homero y en las nuevas series de televisión, en relación con la escena de la cicatriz de Ulises.

ANAGNOSIS: en *El guión del siglo 21* analicé con detalle la escena de la cicatriz de Ulises, y mostré su similitud con narrativas tan actuales como las de series de televisión como *Los Soprano*.

ACUSMÁTICO: acerca de la curiosa historia de cómo se usó en las orquestas alemanas el método de Pitágoras para evitar el machismo he hablado en *No tan elemental: cómo ser Sherlock Holmes*. De la secta pitagórica y los acusmáticos y matemáticos, en *La verdadera historia de las sociedades secretas*.

ANUNCIAR LO QUE VAMOS A VER: en *Las paradojas del guionista*, David Mamet dice que muchas veces hay que sugerir al espectador que va a tener lugar un incendio pero sorprenderlo al mostrar el incendio no dentro de diez o veinte minutos sino ahora mismo.

AUDIOVISUAL: en *Las paradojas del guionista* también examino diversos ejemplos de un uso creativo del sonido o la imagen. Por ejemplo, en el caso de *M, el vampiro de Dusseldorf,* de Fritz Lang.

CONTRASTE Y *UNDERSTATEMENT:* en *Las paradojas del guionista* he hablado extensamente del *understatement* y he explicado que la manera de emplearlo que más le gustaba a Hitchcock era como el contraste de un héroe que se lanza con indiferencia y humor hacia un peligro mortal.

DEUS EX MACHINA: en *Las paradojas del guionista* he dedicado varios apartados al *deus ex machina*. También en las páginas dedicadas al guión de mi web personal he hecho una defensa del *deus ex machina* como mecanismo narrativo.*

DIABOLUS EX MACHINA: en *El guión del siglo 21* me referí al primer *diabolus ex machina* de la narrativa, el que aparece en el poema sumerio *La epopeya de Gilgamesh.*

EL VIAJE DEL HÉROE: en *Las paradojas del guionista* traté con mucho más detalle que aquí el viaje del héroe, recordando su origen y las razones de su aplicación a la narrativa audiovisual moderna.

ESTRUCTURA: el lector puede encontrar una detallada descripción de los aspectos esenciales de estructuras como el paradigma de Field o el viaje del héroe en *Las paradojas del guionista.* Por otra parte, en *El guión del siglo 21* me ocupé de la llamada estructura reparadora en tres actos y de algunas maneras de desactivarla.

SUSPENSE Y SORPRESA: ver el apartado «Suspense sorprendente» (pp. 127 y ss.) en *Las paradojas del guionista*.

ESCENA TESIS: en *Las paradojas del guionista* ofrecí un extenso, y creo que muy interesante análisis de la película *Adaptation*, de la crítica que el guionista Charlie Kaufman quiso hacer en ella a los gurús del guión (y en concreto a Robert McKee) y de la reacción del propio McKee al saber que iba a ser representado en una película.

EXPECTATIVAS: en *Las paradojas del guionista* cuento el truco que

* Pueden encontrarse esas entradas escribiendo «deus ex machina» en el buscador de mi blog (en www.danieltubau.com).

según Truffaut usaba Hitchcock en muchas películas: anticipar el desenlace para que las expectativas del espectador no tuvieran que resolverse en un todo o nada en los minutos finales.

EXPOSICIÓN: en *Las paradojas del guionista* ofrezco varios ejemplos de maneras de transmitir la información, en el capítulo «El planteamiento».

MACGUFFIN: en *Las paradojas del guionista* he explicado el curioso origen del *macguffin* y sus usos principales. También expliqué el peligro de subestimar el *macguffin* y, con ello, dar la sensación de que los personajes no tienen razón alguna para hacer lo que hacen.

PENSAMIENTO, PALABRA Y ACCIÓN: en *Las paradojas del guionista* he dedicado muchas páginas y he ofrecido muchos ejemplos relacionados con el carácter de los personajes, el punto de vista y la combinación de pensamiento, palabra y acción, en especial en el apartado «LOS PERSONAJES».

SECUENCIALIDAD: en *Las paradojas del guionista* me ocupé de la naturaleza secuencial del cómic y de sus semejanzas y diferencias con el cine, en los capítulos iniciales («Entender los medios»), donde también analizo los otros medios afines al audiovisual.

SIEMBRA: en *Las paradojas del guionista* me he ocupado en extenso del mecanismo de la siembra y he explicado cómo se evita el *deus ex machina* de *Adaptation* gracias a la técnica de la siembra a lo que llamé «escribir hacia atrás».

TEORÍA DE LA ILUMINACIÓN: en *Las paradojas del guionista* explico con detalle la teoría de la iluminación de Henry James («La teoría de la iluminación», pp. 217 ss.), en el capítulo dedicado a los personajes.

TENSIÓN SEXUAL NO RESUELTA: en *Las paradojas del guionista* expliqué el origen de la denominación de la tensión sexual no resuelta para señalar este mecanismo.

SUSPENSE Y SORPRESA: en *Las paradojas del guionista* me he ocupado por extenso de la sorpresa, el suspense y la relación entre ambos artificios narrativos, en especial en los apartados «Suspense y sorpresa»,

«El suspense es mejor que la sorpresa» y «Suspense sorprendente», donde se plantea la paradoja «En la dicotomía suspense y sorpresa, lo mejor es elegir el suspense sorprendente».

Bibliografía

Archer, William, *Playmaking, a Manual of Craftmanship,* 1912 (edición digital Gutenberg 2004).

Bays, Jeffrey Michael en *Between the scenes.* Michael Wiese Productions, 2014.

Bowman, Barbara, *Master Space: Film images of Capra, Lubitsch, Sternberg and Wyler.* Praeger, 2001.

DeFreitas, Justin en «The Lubitsch Touch» en Pacific Film Archive.

Douglas, Pamela, *Cómo escribir una serie de televisión.* Alba, 2011.

Epstein, Alex, *Crafty Screenwriting: Writing Movies That Get Made.* Holt Paperbacks, 2002.

Field, Syd, *El libro del guión.* Plot, 2001.

Field, Syd, *El manual del guionista.* Plot, 1996.

Goldman, William, *Aventuras de un guionista en Hollywood.* Atuel, 1988.

Martin, Brett, *Hombres fuera de serie.* Ariel, 2014.

McKee, Robert, *El guión.* Alba, 2009.

Parker, Philip, *Arte y ciencia del guión.* Ma Non Troppo, 2003.

Platón, *Diálogos:* «Cármides», en *Platón 1.* Gredos.

Proferes, Nicholas T., *Film directing fundamentals from script to screen.* Focal Press, 2002.

Rabiger, Michael, *Dirección de documentales.* Instituto Oficial de Radio y Televisión, 2005.

Robles, Xavier, *Géneros cinematográficos.* Centro Universitarios de Estudios Cinematográficos de la UNAM, 2011.

Snyder, Blake, *Salva el gato.* Alba, 2010.

Thompson, Kristin, Story*telling in the new Hollywood.* Harvard, 1999.

Thomas, James, *Script analysis for actors, directors and designers.* Focal Press, 2013.

Truby, John, *Anatomía del guión.* Alba, 2009.

Tubau, Daniel, *El guión del siglo 21, el futuro de la narrativa en el mundo digital*. Alba, 2011.

Tubau, Daniel, *Las paradojas del guionista, reglas y excepciones en la práctica del guión*. Alba, 2007.

Tubau, Daniel, *No tan elemental: cómo ser Sherlock Holmes*. Ariel, 2015.

Wood, James, *Los mecanismos de la ficción*. Gredos, 2009.

Índice analítico y onomástico

Este libro se acabó de imprimir en agosto de 2015
en los talleres de Liberdúplex, s.l.
Ctra. BV 2241, km 7,4
Polígono Torrentfondo
08791 Sant Llorenç d'Hortons
(Barcelona)